情報公開法で捉えた最新自衛隊情報

小西 誠 [編]

社会批評社

目次

■自衛隊㊙文書集の解説 … 5

- はじめに … 5
- 自衛隊の新たな治安出動任務「警護出動」 … 7
- 実動化する自衛隊と警察の治安出動態勢 … 9
- 全国で締結された自衛隊と警察の「現地協定」と訓練 … 11
- 能登半島沖事件と海上警備行動の発令 … 13
- 九州南西海域不審船事件と海上警備行動 … 16
- 軍隊化する海上保安庁 … 18
- 自衛隊の海上警備行動の法的諸問題 … 21
- 海上警備行動の恒常的態勢への部隊の増強 … 23
- 「戦死者」の時代を迎えた自衛隊員たち … 25

第Ⅰ部 自衛隊の治安出動・警護出動 … 31

一 自衛隊の施設等の警護出動に関する大綱（極秘） … 32

第二　自衛隊と警察の治安出動の際における協定
第三　自衛隊と警察の治安出動の際における細部協定
第四　陸自北部方面隊と北海道警察の治安出動の際の現地協定
第五　陸自第１師団と警視庁の治安出動の際の現地協定 …………………………35,39,44,54

第Ⅱ部　自衛隊の海上警備行動

第一　能登半島沖不審船事件と海上警備行動
第二　自衛艦隊司令官の海上警備行動の発令所見（秘）
第三　九州南西海域不審船事件
第四　政府の九州南西海域不審船事件の検証
第五　海自と海保の不審船共同対処マニュアル（秘）
第六　不審船に係る共同対処マニュアルの一部改正（秘）
第七　海上自衛隊の特別警備隊（特殊部隊）の新編
第八　海上自衛隊の特別警備隊の内部組織に関する達（注意）
第九　海上における警備行動に関する内訓（秘）
第一〇　海上における警備行動に関する内訓の一部改正（秘）
第一一　海上における警備行動に関する内訓の一部改正（秘） …………………………61,62,69,77,85,89,95,96,98,100,114,117

第一二 海上警備行動に関する内訓運用の事務次官通達 (秘) …… 118
第一三 海上警備行動の内訓運用の一部改正についての通達 (秘) …… 125
第一四 海上自衛隊の海上警備行動に関する達 (秘) …… 136
第一五 海上自衛隊の海上警備行動に関する達の運用の通達 (秘) …… 156
第一六 海上自衛隊幹部学校教程「行動法規」 …… 160

第Ⅲ部 周辺事態法・原子力災害出動・戦死者・宗教活動 …… 217

第一 周辺事態法下での武器使用に関する内訓 (秘) …… 218
第二 周辺事態法下での武器使用の内訓の一部を改正する内訓 (秘) …… 224
第三 陸上自衛隊の原子力災害出動要領 (注意) …… 227
第四 陸上自衛隊一般部隊の原子力災害出動要領 (注意) …… 233
第五 自衛隊の戦死者の取扱いと処置 …… 242
第六 自衛隊の宗教的活動についての通達 …… 246
第七 自衛隊の宗教行為に関する通達 …… 248
第八 陸上自衛隊のPKOの希望調査に関する通達 …… 251

■ 自衛隊㊙文書集の解説

はじめに

本書に収録した防衛庁・自衛隊関係の諸文書は、そのほとんどが情報公開法にもとづいて開示・提出された資料である。

筆者は、2002年3月、『自衛隊の対テロ作戦―資料と解説』（社会批評社刊）を発刊したが、本書はこれに次ぐ続編の性格をもっている。

現在自衛隊は、テロ対策特措法にもとづいてペルシャ湾―インド洋に出動しており、この秋にはイラク特措法にもとづいてイラク国内での米軍の後方支援に出動する予定だ。そして、今国会では有事法制3法が成立し、自衛隊の「周辺事態」出動態勢も完了している。いわゆる自衛隊の「海外派兵の時代」が本格的にはじまっている。

だが、このような自衛隊の海外出動の問題は、メディアなどで報道され、それなりに国民的議論がはじまっているのに、本書で取り扱っている自衛隊の対テロ関係の問題は、まったくと言っ

5

ていいほど議論にすらなっていない。

この理由は、01年の9・11事件以降、「対テロ対処」と言えば、政府にとって何でも許容されるかのような恐るべき雰囲気がつくり出されていることに原因がある。この「テロ脅威論」という新たな「脅威論」の主張の中で、メディアなども萎縮し、政府・自衛隊の対テロ対処関連の動きを「黙認的に追認」するしかなくなっている。

このような雰囲気の中で、政府・自衛隊による対テロ作戦の動きは、市民の目の届かないところで急速に進行している。

冷戦時代において、自衛隊は「ソ連軍の大規模侵攻に対する本土防衛戦」という通常戦争型の作戦・戦闘を構築してきたが、冷戦が崩壊した今、想定してきた「有事事態」は、まったくなくなり、そしてこれに代わる新たな「脅威」として対テロ・ゲリラ対処を打ちだしてきた。つまり、すでに自衛隊の主任務は、通常戦争型の大規模侵攻を想定したものから、対テロ・ゲリラ対処に完全に移行しており、今や、この対テロ・ゲリラ作戦の訓練・演習にそのほとんどが費やされていると言っても過言ではない。

まさに、「外への海外派兵」「内への治安出動」という態勢が、ほぼ完全に確立されつつあるのだ。

本書では、こうした自衛隊の隠された治安出動態勢―海上警備行動態勢などの現状・実態について、防衛庁・自衛隊の内部文書で明らかにする。情報公開法にもとづくこれらの文書は、中に

■ 自衛隊㊙文書集の解説

自衛隊の新たな治安出動任務「警護出動」

本書に最初に収録したのは、「自衛隊の施設等の警護出動に関する大綱」（以下「大綱」と略）である。極秘文書であり、もっとも重要な別冊の「自衛隊による在日米軍基地等の警護要領」の2頁以下18頁までが不開示という不当なものである。

しかし、情報公開法が成立する以前には、防衛庁・自衛隊は、こういう極秘文書についてはその存在さえ認めていなかったのであるから、不開示部分がほとんどを占めるとはいえ、このような極秘文書を開示してきたことは重要だ。

さて、この大綱は、01年9・11事件直後のテロ対策特措法と同時に制定された、自衛隊法改定による「警護出動」（自衛隊法第81条の2の新設）という新任務の付与によるものである。

この自衛隊法改定では、対テロ対処にもとづく在日米軍基地などへの自衛隊部隊の警護出動（基地警備）とともに、「治安出動下令前の情報収集」（自衛隊法第79条の2の新設）という新任務も付

7

与されている。つまり、「テロ脅威」への対処の口実の下で、自衛隊は警護出動、情報収集活動という新たな治安出動の任務を付与され、その出動態勢に入ったということである。

この警護出動という新任務は、自衛隊の治安出動の新しい形態である。これはいわゆる「平時」の任務ではない。改定自衛隊法では「警護出動時の権限」（自衛隊法第91条の2）を規定しており、またその3項では、「任務遂行のための武器使用」として「警職法第7条の準用」（2項）を規定しているが、ここで規定する武器の使用権限は、言うまでもなく治安出動時の武器使用の権限である。

そして当面、この警護出動は、在日米軍基地などの警備が主になるが、この新任務の制定過程で論議されていたように、これは「皇居、首相官邸、国会、原発、水源地」などへ、その出動対象が拡大されていくことは必至である。

この大綱に合わせて、「自衛隊の警護出動に関する訓令」「自衛隊の警護出動に関する達」が制定されている。この二つの文書は、『自衛隊の対テロ作戦』に収録しているので、それを参照していただきたい。

■ 自衛隊㊙文書集の解説

実動化する自衛隊と警察の治安出動態勢

ところで、在日米軍基地にしろ、国会などにしろ、これらの警備─治安の任務は、従来、警察のものとされてきた。これが「警護出動」や「治安出動下令前の情報収集」によって、警察に取って代わってこれから自衛隊の任務になるのである。

もちろん、「平時」には、これらが警察の任務であることには変わりはない。しかし、「非常時」（自衛隊の概念では「平常時」から有事に移行する間）には、従来と異なり自衛隊がその任務として出動するのである（もちろん、有事下では、主として自衛隊の任務）。

この大きな転換の要因となったのは、繰り返すまでもなく「テロ脅威論」であることを証明している）。

そして、この「テロ脅威論」は、01年の9・11事件以後、全面的に跋扈しはじめた。ここで改めて確認しておかねばならないのは、「テロ脅威論」は、冷戦後に「主任務を喪失」した自衛隊の中から出てきたものであり、9・11事件は、それを加速させたに過ぎない、ということである。

これを示すのが、『自衛隊の対テロ作戦』に収録した「自衛隊の治安出動に関する訓令」など

9

の改定であり、本書にも収録した「治安出動に関する自衛隊と警察の協定」の改定である。

では、この訓令や協定では何が変わったのか？

第1は、従来の自衛隊の治安出動おいては、その鎮圧対象を「暴動」としていたのだが、新訓令・新協定などでは「治安を侵害する勢力」と置き換えたことである。これを「改定・自衛隊の治安出動に関する訓令」の「改正の内容」では、「暴動への対処を想定したものから、武装工作員等への対処をも想定したものにする」と述べている。つまり、自衛隊の治安出動は、「暴動対処」から全面的に「対テロ・ゲリラ対処」へ移行・転換していたことが明らかとなる。

重要なのは、これは9・11事件以前に変更されたということだ。それを証明するのは、これらの発令された日付である。二つの文書の改定は、9・11事件のおよそ1年前の00年12月4日だ。つまり、9・11事件よりもはるか以前に、政府・自衛隊がすでに対テロ作戦に主任務を変更していたことが明らかとなる。

さて、第2に変更されたのは、自衛隊と警察の任務分担である。「治安出動の際における治安の維持に関する協定」の旧協定では、自衛隊の治安出動の役割は、すなわち自衛隊と警察の任務分担については、自衛隊は警察の「支援後拠」、「拠点防護」、そして警察に取って代わる「直接制圧」というように、段階的・逐次的な任務の移行が決められていた。

しかし、新協定では、このような段階的任務の移行も確認されてはいるが、「この場合の任務分担は、治安を侵害する勢力の装備、行動態様等に応じたものにする」（第3条1項の3）として、

10

■ 自衛隊㊙文書集の解説

「治安を侵害する勢力」の武装の程度によっては、最初から自衛隊が出動することが明記されているのだ。

全国で締結された自衛隊と警察の「現地協定」と訓練

さて、新協定の「治安出動の際における治安の維持に関する細部協定」第5条には、自衛隊と警察の「現地協定」の締結が謳われている。

この現地協定の旧協定は、1959年に締結（「治安出動の際における治安の維持に関する協定」）されたものであるが、新協定は、02年4月22日の陸上自衛隊北部方面総監と北海道警察本部長との締結を皮切りに、同年5月29日までに全国の都道府県すべてにおいて締結されている。本書では、このうち、北海道と首都の二つの現地協定を収録した。

ところで、この新旧の現地協定のもっとも大きな違いは、旧協定が単なる「紙切れ」であったのに対し、新協定では「共同図上訓練」が続々と全国で行われていることだろう。

北部方面隊と北海道警察は、02年4月22日の協定締結に続き、同年11月18日には北海道警察本部内で自衛隊・警察それぞれ20名（合計40名）の参加の下で、「共同図上訓練」を全国に先駆け

11

て実施した。

　これは報道によれば、北海道警察が武装工作員の北海道侵入を探知、その後の動静から工作員が小銃、機関銃、ロケット弾などの重火器を所持していることが判明し、北海道警察は、特別急襲チーム（SAT）の出動を決定し、政府に自衛隊の治安出動を要請。治安出動下令で陸上自衛隊北部方面隊は直ちに対ゲリラ戦訓練を受けた部隊を現地に出動させ、自衛隊と警察が連携して武装工作員を包囲・鎮圧するというものだ。そして併行して、自衛隊と警察は、住民の避難から、原発などの重要施設の警備などを実施し、それぞれの指揮・命令系統・部隊等の作戦行動の仕方などの連携を確認するというものだ。

　この「共同図上訓練」は、北海道を初めに、03年に入り陸上自衛隊第10師団と福井県警（2月10日）、同第3師団と大阪府警（2月12日、13日）、同第1師団と茨城県警（2月25日）、同第6師団と宮城県警（2月26日）、同第8師団と熊本県警（6月10日）と続々と行われている。とりわけ、大阪での共同図上訓練では、武装工作員が市街地に潜入したという想定の下で、初めて「市街戦」を訓練し、住民を病院・学校などから避難させる方法も検討したといわれる。

　このような現地協定の締結と共同図上訓練のはじまりのものは、「対テロ脅威論」を口実とした自衛隊の治安出動態勢が実動段階に移行していることであり、自衛隊が警察に取って代わり、「警察権への介入」「公安業務への進出」（いずれも『毎日新聞』報道）をしていることだ。

　石破茂防衛庁長官は、毎日新聞とのインタビューで、「治安出動でどこまで対応できるか検証

12

■ 自衛隊㊙文書集の解説

し、足りなければ法整備が必要」（02年10月2日付『毎日新聞』）と、自衛隊による警察権の行使、国内治安への関与に対して積極的に検討することを明らかにしている。

つまり、冷戦の崩壊によって「有事事態」を喪失した自衛隊が、対テロ脅威論の捏造によって、新たな「有事事態」（非常時）をつくり出すとともに、警察に代わる国内の恒常的治安出動態勢づくりを図っているということだ。

このような自衛隊の根本的転換が、まったく何の議論もなしに、なし崩し的に進行していることに深い危惧を覚える。

能登半島沖事件と海上警備行動の発令

01年の9・11事件よりはるか前に、自衛隊が「テロ脅威論」の名目の下で主任務の事実上の転換を図っていたことを示す重要な事件は、能登半島沖不審船問題における自衛隊初の海上警備行動発令だ。

言うまでもなく、海上でのいわゆる不審船事件などに対応するのは、海の警察である海上保安庁の仕事であり、これまでのさまざまな不審船事件にも海上保安庁は、それなりの対応をしてきた。したがって、能登半島沖不審船事件に対しても本来、最初から最後まで海上保安庁が対応す

13

べき事件であった。

ところがこの事件では、事件後直ちに自衛隊の海上警備行動が発令されている。防衛庁作成の「能登半島沖不審船事案における対応等について」という文書で、その具体的対応について見てみよう。

事件の発端は、これは米軍の情報提供であると言われている。この米軍からの情報提供の下に、99年3月23日早朝、海上自衛隊のP−3Cは、能登半島沖などで2隻の不審船を発見、直ちに海上保安庁に通報。海上保安庁は、両船に対し、停戦命令・威嚇射撃を実施。これを無視し、高速で逃走を続ける不審船に対して運輸大臣は、「防衛庁長官に対し、海上保安庁の能力を超える事態と連絡」（24日0時30分）、これを受けて同日0時45分、閣議を経て内閣総理大臣の承認を受け、同日0時50分、海上警備行動を発令。

見てのとおり、運輸大臣の連絡から閣議決定―内閣総理大臣の海上警備行動承認―発令まで、わずか20分間である。

海上警備行動は、「海の治安出動」と言われる。実際、自衛隊の海上警備行動時の武器使用などの権限は、治安出動時の権限とほぼ同等である。つまり、自衛隊の武力による鎮圧を目的とする、この戦後初の「海の治安出動」の発令までの時間がわずか20分で決められたということは、常識的に考えればすでにその発令を準備し、発動態勢の構築が常時なされていたことを示す。

これを自衛艦隊司令官による「海上警備行動等」（不審船舶対処）に関する経過概要及び所見」（秘）

14

■ 自衛隊㊙文書集の解説

は、その「所見」のところで「自衛隊が創設されてから初めての海警行動の発令であったが、自艦隊司令部と海幕、部隊間の綿密な連携・調整のもと、混乱もなく、整斉と任務を実施することができた。特に政府・防衛庁・海幕レベルでの意志決定が早く、かつ明確であったため、スムーズに部隊を指揮することができた。」と自画自賛している。

さて、この能登半島沖事件のもうひとつの問題は、海上警備行動の発令とともに、自衛隊が戦後初めて「武力による威嚇」を外国船舶に対して行ったことだ。

周知のように、海上警備行動発令後、出動した海上自衛隊艦艇は、護衛艦「みょうこう」などが不審船に5インチ砲25回（計35発）の警告射撃を行い、またP-3C3機は、計12発の150キロ対潜爆弾の警告投下を行った。

海上警備行動の発令を含めて、こうした「軍」による警告射撃・警告爆弾投下などの「武力による威嚇」が、かつてどれほど軍事的衝突─戦争を引き起こしたのか、歴史の教訓を政府は忘れたとでもいうのだろうか？

本書に収録した、防衛庁長官によって発出された「海上における警備行動に関する内訓」（秘）の第4条は「権限濫用の防止」として次のように定めている。

「海上警備行動を命ぜられた自衛官（以下「自衛官」という。）は、その権限の行使に当たっては、海上における人命若しくは財産の保護又は治安の維持のため必要な最小限度においてこれを行うとともに、国際の法規又は慣例及び我が国の法令を厳守し、いやしくも、国際紛争を生じ

15

させ、個人の権利及び自由を不当に侵害するなどその権限を濫用することがあってはならない」（同条第1項）

明記されているように、「国際の法規又は慣例及び我が国の法令」を「厳守」し、「いやしくも、国際紛争を生じさせ」てはならないのである。

そして、そもそも戦後において「領海警備」の仕事を「海軍」の任務から切り離し、海上保安庁の仕事としたのも、海洋をめぐる国境紛争を武力衝突―戦争にエスカレートしないためではなかったのか？　このような歴史の教訓が今や政府・自衛隊において、完全に無視され、忘れ去られようとしている。

九州南西海域不審船事件と海上保安庁

能登半島沖不審船事件では、「武力による威嚇」を行使した自衛隊の「暴走」が問題であったが、この自衛隊と歩調を合わせるかのように、01年12月には海上保安庁が九州南西海域不審船事件で「暴走」していくことになる。

この事件で海上保安庁は、それこそ戦後初めて「武力を行使」し、不審船乗組員の15名を「戦死」させることになった。それも沈没する不審船乗組員に対して、ほとんど救助らしい救助もせ

16

■ 自衛隊㊙文書集の解説

ずに、である。

このような海上保安庁の「武力行使」は、非常に重大な事態だ、と言わねばならない。なぜなら、海上保安庁―日本政府が戦後初めて武力による外国船舶への攻撃―実力行使を行い、それに伴い、多数の死者を出すことになったからだ。おそらく、九州南西海域不審船事件における武力行使は、歴史の中で戦前の「一九年戦争」時代の「山東出兵」などに例えられるかも知れない。

この九州南西海域不審船事件の具体的内容は、未だ生々しい事件であるから詳細を述べる必要はないだろう。

ここで重要なのは、海上保安庁が「中国の排他的経済水域」、つまり、日本の領海でもなく、日本の排他的経済水域でもない海域において、武力を行使したということだ。

この事件の一連の経過を見ると、最初の「警告射撃」は日本の排他的経済水域内で行われたのであるが、2回目以降の数回にわたる「威嚇のための船体射撃」は、中国の排他的経済水域で行われている。そして、問題なのは、こうした数回にわたる「威嚇のための船体射撃」が続く中で、不審船は反撃のための発砲を行ったのであり、海上保安庁の言う「正当防衛」などとても成立する状況ではないということだ。

これについて、先に述べてきた9・11事件以後、自衛隊の警護出動などとともに改定された海上保安庁法は、「危害射撃」を行える条件について次のように定めている。

「当該船舶が、外国船舶（軍艦及び各国政府が所有し又は運航する船舶であって非商業的目的のみに

17

使用されるものを除く。）と思料される船舶であって、かつ、海洋法に関する国際連合条約第19条に定めるところによる無害通航でない航行を我が国の内水又は領海において現に行っていると認められること」（第20条1項）

ここで定めるのは、「無害通航でない航行を我が国の内水又は領海において現に行っている」こと、つまり、「領海内」に限定した「危害射撃」だけである。いわんや、日本の排他的経済水域でもない中国の排他的経済水域で、「危害射撃」を行う何らの権限もないのだ。

これを海上保安庁、防衛庁などの政府文書「九州南西海域不審船事案対処の検証結果について」（以下「検証結果」と略）は、次のように弁明している。

「EEZ（排他的経済水域）における沿岸国の権利は、国際法上、漁業、鉱物資源、環境保護等に限定される。EEZで発見した不審船を取り締まる法的根拠については、国際法上の制約を踏まえ、また、外国の事例等も研究しつつ、さらに検討」

軍隊化する海上保安庁

ここで、なぜ海上保安庁がこのような「暴走」を行うに至ったのか、その背景を考えてみよう。やはり、この背景にあるのは、筆者が『自衛隊の対テロ作戦』で詳細に述べてきたような、自

18

■ 自衛隊㊙文書集の解説

衛隊と警察の「治安の権限」をめぐる対立があるように思う。領海警備、つまり「海の治安」という場合、これは自衛隊と海上保安庁の「治安の権限」をめぐる対立となる。

能登半島沖事件以後、本書に収録しているように99年12月、防衛庁と海上保安庁の間の「不審船に係る共同対処マニュアル」㊙が作成されている。ここでは、不審船への対処として「警察機関たる海上保安庁がまず第1に対処を行い、海上保安庁では対処することが不可能又は著しく困難と認められる事態に至った場合には、防衛庁は、海上保安庁と情勢認識を共有した後、閣議を経て内閣総理大臣の承認を得て、迅速に海上警備行動を発令する」と規定している。

ただ、自衛隊の海上警備行動の発令後は、同マニュアルでは「発令後は、海上保安庁と連携、共同して不審船対処に当たる」というが、実際は、海上自衛隊が全面に立つことになる。

これを先の政府文書「検証結果」は、「海上保安庁では対処することが不可能若しくは著しく困難と認められる場合には、機を失することなく海上警備行動を発令し、自衛隊の「海上警備行動の発令にもとづく領海警備」という任務に取って代わられているのである。いわば海上保安庁は、このような中で、海上自衛隊の「下請け機関」に成り下がっていると言えよう。

つまりここでは、すでに海上保安庁と自衛隊の任務分担が「逆転」しているのだ。領海警備という海上保安庁の任務は、「非常時」の名の下で逐次、自衛隊の「海上警備行動の発令にもとづく領海警備」という任務に取って代わられているのである。いわば海上保安庁は、このような中で、海上自衛隊の「下請け機関」に成り下がっていると言えよう。

周知のように、防衛出動・治安出動において海上保安庁は、自衛隊の指揮下に置かれることが自衛隊法では定められている（自衛隊法第80条1項「海上保安庁の統制」）。「海の治安出動」と言われる海上警備行動が恒常的態勢に入りつつある現在、「非常時＝有事」の名の下で、自衛隊が海上保安庁に取って代わり、海の警察業務、領海警備の任務に就こうとしているのである。

いわば、九州南西海域不審船事件で見られた海上保安庁の「暴走」「突出」は、こうした領海警備の任務を奪われかねない海上自衛隊に匹敵する「実力」を持っていることを誇示する狙いがあったと言えよう。

このような中で、現在、海上保安庁の増強が始まっている。00年6月から「ジャパン・コーストガード」（沿岸・国境警備隊）を名のり始めた海上保安庁は、高速船を就役させ、特殊警備隊（SST）を創設し、海上自衛隊のイージス艦に匹敵する世界最大のヘリ搭載型巡視船「しきしま」（総トン数7175トン）を就役させている（03年度で船艇519隻、約15万トン）。いわゆる、海上保安庁の軍隊化である。

しかしながら、本来、海上保安庁の任務は、「海の警察」として海上での国境紛争を軍事的衝突―戦争にエスカレートさせないために存在していたはずである。海上保安庁法も、「この法律のいかなる規定も海上保安庁又はその職員が軍隊として組織され、訓練され、又は軍隊の機能を営むことを認めるものと解釈してはならない」（第25条）と定めているのだ。

20

自衛隊の海上警備行動の法的諸問題

本書には、自衛隊の海上警備行動関係の諸文書のうち、「海上における警備行動に関する内訓」（通達）」（秘）、「海上自衛隊の海上警備行動に関する達」（秘）などを収録している。

これらの、海上警備行動に関しての防衛庁・自衛隊の諸文書を分析して明らかになるのは、自衛隊の海上警備行動が治安出動に比して、発動しやすい法的状況に置かれていることだ。

まず、自衛隊の治安出動が発令される場合、その出動の命令権者は内閣総理大臣であるとともに、出動後は国会の「事後承認」が定められている（自衛隊法78条）。これに対して、海上警備行動の場合、命令権者は防衛庁長官であり（内閣総理大臣の承認を得て）、国会の「事後承認」も必要がないとされている（自衛隊法82条）。

そして、治安出動の「待機命令」については、「内閣総理大臣の承認を得て」防衛庁長官が命令するのに対して、海上警備行動の場合はこの待機命令は、自衛隊法には定められていない。つまり、防衛庁・自衛隊の独断で海上警備行動の「待機命令」は、発令できるということだ。

これについて、「海上における警備行動に関する内訓」では、「長官は、海上警備行動を命ず

ることが予測される場合において、必要があると認めるときは、長官直轄部隊の長に対して部隊の待機を命ずるものとする」（第7条）とし、「内閣総理大臣の承認」なしに、待機命令が出せることを明記している。

ところで、この点について「海上における警備行動に関する内訓の運用について（通達）」は、「この条に定める待機命令は法に直接の規定を有するものではなく自衛隊の内部のみにおいてこれを行うものであるから、部外に対する何らかの権限の行使を認めるものではない」と言い、この待機命令が法律にもとづかないことを認めている。

しかし、この法律にもとづかない海上警備行動の待機命令は、次々に自衛隊の独断専行を生じさせる。

「海上自衛隊の海上警備行動に関する達」では、海上自衛隊の海上警備行動における「行動準備」を規定しているが、ここでは「長官直轄部隊の長」は、海上警備行動の待機を命ぜられた場合には、「海上警備行動を実施するための必要な準備」（行動準備）を海上幕僚長の指示で行えるとしている。そして、長官直轄部隊の長は、「海上幕僚長の指示を待ついとまがないと認めた場合」には、海上幕僚長の指示なしで「行動準備を発動」することができる、としている。

このように、海上警備行動は、発令要件が非常に緩やかであるどころか、第1線部隊の「独断行動」を許容する規定になっている。したがって、能登半島沖事件の場合のように、今後とも海上警備行動を恒常的態勢にしていくことが可能になっているといえるだろう。

海上警備行動の恒常的態勢への部隊の増強

こうして今、急速に始まっているのが、こうした海上警備行動の恒常的発動態勢に向けての海上自衛隊の増強だ。

すでに述べてきたように、01年の9・11事件以後、自衛隊法の改定によって海上警備行動発令時には、「危害射撃」が行えるようになった（自衛隊法第93条3項「海上保安庁法第20条第2項の規定の準用」）。

そして、不審船対処能力の向上として、03年3月までに、佐世保、舞鶴、北海道余市に高速ミサイル艦隊（時速46ノット）が続々と配備されている。この高速ミサイル艦隊は、その速力だけでなく、赤外線暗視装置や対鑑ミサイル発射装置を備え付け、従来の20ミリ機関砲から76ミリ単装速射砲へと、武装が一段と増強されている。

さらに、海上保安庁の特殊警備隊（SST）に対抗する、海上自衛隊の特別警備隊（SGT）が創設された。この米海軍の特殊部隊をモデルに創られたといわれる特別警備隊は、広島・江田島に本部を置き、3個小隊70人で編成されている。言うまでもなく、この特別警備隊の任務は、不審船などの船舶の鎮圧・制圧であり、このためのヘリ、小型船艇を保有している。

冷戦時、「ソ連脅威論」の下で、アメリカ海軍の文字通りの補完戦力として、名実ともに世界第2の海軍力に増強された海上自衛隊は、冷戦終了にともない、その巨大化した艦隊・対潜航空機などの存在意義を失ってしまった。つまり、ここからの脱出を賭けて対テロ脅威論─通常型戦争」としての「有事事態」を喪失したのであり、ここでも海上自衛隊は「大規模侵攻に対する通不審船脅威論を煽り、こうした新たな脅威論の捏造の下で、「非常時の領海警備─領域警備」というな新たな任務をつくりだしているのだ。

防衛白書は、「周辺海域における警戒監視」と題して、「海上自衛隊は、哨戒機（P─3C）により、北海道の周辺海域、日本海及び東シナ海を1日に1回の割合で海上における船舶などの状況を監視している」（02年度版）と宣伝しているが、「ソ連脅威論」の口実の下で世界では米海軍に次ぐP─3C100機態勢（02年度では99機）という巨大な対潜戦力を誇った海上自衛隊が、今や旧ソ連軍よりもはるかに劣るどころか、問題にもならない「不審船」対策にその戦力のすべてを向けていることに、何の疑問も感じないのであろうか？

（なお、本書には参考として99年に制定された「周辺事態法」および00年12月に制定された「周辺事態に際して実施する船舶検査活動に関する法律」にもとづく、「後方地域支援」としての役務の提供及び後方地域捜索救助活動に係る武器の使用に関する内訓」[秘]、「後方地域支援としての役務の提供、後方地域捜索救助活動及び船舶検査活動に係る武器の使用に関する内訓の一部を改正する内訓」[秘]を収録しているが、この周辺事態法や船舶検査活動、すなわち自衛隊の海上での臨検活動も、「北朝鮮脅威論」の下での非常時─有事に

24

■ 自衛隊㊙文書集の解説

おける自衛隊の新たな任務として浮上している。

また、00年に制定された「原子力災害派遣」「自衛隊法第83条の3」のための「原子力災害対処要領（一般部隊用）」「全文注意」と「原子力災害対処要領（全文注意）」も収録しており、自衛隊の新任務がますます広がりつつあることが明らかである。）

「戦死者」の時代を迎えた自衛隊員たち

先に紹介した拙著『自衛隊の対テロ作戦』は、発行直後の02年8月、何を勘違いしたのか、靖国神社の「売店」で販売されていたと、この売店を覗いた友人からの知らせがあった。

しかしこれは、単なる勘違いではないかも知れない。というのは、同書の資料解説「第4章『戦死』の時代を迎えた自衛隊員たち」では、自衛隊の海外派兵はもとより、対テロ作戦の治安出動態勢に入った自衛隊の実戦化段階を詳細に検証し、小泉首相の靖国神社公式参拝の意味を自衛隊内部の状況に照らして検討していたからだ。

つまり、靖国神社が同書を売店で販売までしていたのは、靖国神社の存在意義が内外から問われようとしている中で、まさに「戦死者の時代を迎えた自衛隊員」を靖国合祀へと導くための方策と考えられよう。

さて、本年6月に成立した有事法制3法では、「周辺事態有事」のための自衛隊法改定も行われた。ここでは、有事法制全体について触れる余裕はないので、自衛隊員の戦死者の問題について述べてみよう。

この改定自衛隊法では、「墓地、埋葬等に関する法律の適用除外」が定められ、防衛出動を命じられた自衛隊員が戦死した場合、「その死体の埋葬及び火葬」については、この法律の適用除外とすることが規定された（自衛隊法第115条の4）。

では実際には、自衛隊は戦死した自衛隊員をどのように処置するのか。これについて現在のところ定められているのは、陸上幕僚監部発行の訓練資料「総務及び厚生」である。同書では、第2編厚生の第5節で「戦没者の取扱い業務」を規定している。

この訓練資料は、まず「戦没者の取扱い業務は、遺体、遺骨及び遺品等の処理を確実かつていちょうに実施して、隊員の士気を高め、遺族及び一般国民の信頼度の維持向上に寄与する」と謳っている。そして、この戦死者を取り扱う施設として通常、連隊・師団・方面隊などに遺体安置所、火葬場を設置すること、隊員の遺体は、最終的に火葬にすること、さらに「認識票」などによる遺体の識別などについても定めている。

ここで問題なのは、この訓練資料が自衛隊員だけでなく、「敵の戦死者」の処理についても明記していることだ。同書では「敵の遺体の取扱い」をジュネーヴ条約にもとづき、「通常、敵の遺体は埋葬又は仮埋葬する」としている。

26

■ 自衛隊㊙文書集の解説

しかし、先に改定された自衛隊法では、自衛隊員の戦死者の処置の規定はあるが、「敵の戦死者の処置」はない。これは正確には、「防衛出動を命ぜられた自衛隊員の死亡した場合におけるその死体の埋葬及び火葬」と明記されている。あくまで自衛隊員だけである。

ではなぜ、有事法制下における自衛隊法改定でこの問題が先送りされたのか？ これはつまり、捕虜の取り扱いを含めたジュネーヴ条約や陸戦法規にもとづく有事法制3法以外に「捕虜の取り扱いなどを含む「国際人道法の順守に関する事項」として提起されている）（政府の有事法制構想では、有事法制3法以外に「捕虜の取り扱いなどを含む「国際人道法の順守に関する事項」として提起されている）。

この有事法制を先取りして、自衛隊の戦略・戦術の基本書といわれる野外令では、ここで述べてきた戦死者・敵の戦死者の処置、捕虜の取扱いなどが全面的に明記されている（この詳細は小西誠・きさらぎやよい著『ネコでもわかる？ 有事法制』社会批評社刊を参照）。

ところで、本書に収録した防衛庁事務次官の「宗教活動について（通達）」という文書では、「殉職隊員の合祀について」が定められている。

ここでは、「殉職隊員の慰霊のため神社への合祀に関し、部隊の長等が公人として奉斎申請者となることは、厳に慎むべきである。」と述べているが、しかし、「国家機関でない自衛隊遺族会、隊友会等の団体が上記のような宗教的活動を実施することは可能」として、自衛隊員が「殉職」した場合に、自衛隊遺族会や隊友会などによる地元の護国神社への合祀を勧めている。実際の「殉職者」の合祀も、このように行われているようである。

27

しかし、この方法でいくと、今後の海外派兵などで自衛隊員が戦死した場合、靖国への合祀も可能となる（自衛隊高級幹部の悲願は、殉職者の靖国合祀の実現である）。現実に小泉首相を含めて、時の内閣総理大臣が「靖国公式参拝」にこだわるのも、自衛隊員の戦死者の靖国合祀にその目的のひとつがあるといえるのだ（内閣総理大臣は、自衛隊の最高指揮官）。

またこの通達は、「神祠、仏堂、その他宗教上の礼拝所に対して部隊参拝すること及び隊員に参加を強制することは厳に慎むべきである」というが、実際には、靖国神社や伊勢神宮への「部隊参拝」が常時行われていることは、筆者を含めて体験していることだ。

日本は第2次大戦後、「軍隊による戦死者」を1人も出していない、世界で唯一の、例外的な国家であった。これは憲法前文・第九条にもとづく「平和主義」を、日本の多くの市民が「反戦・平和運動」として実現してきたからである。だが今や、この平和主義は、根本的に覆されようとしている。自衛隊員の戦死の時代が訪れつつある現在、どのようにこれを食い止めるかが、私たちの焦眉の課題だ。

03年7月のイラク特措法制定にもとづく、イラク軍事占領下の米軍への後方支援として、陸海空の自衛隊部隊1000人規模の派兵が今秋予定されている。小泉首相は今国会で再び「自衛隊員の戦死者が出てもやむをえない」と断言している。自衛隊の最高指揮官たる小泉首相のこの無責任な言動を、自衛隊員とその家族はどのような思いで受け止めているだろうか。平和主義を理

■ 自衛隊㊙文書集の解説

念とする日本において、誰も「戦死」を強制する権限はない。

それにしても、自衛隊は現在、インド洋—ペルシャ湾に海上自衛隊艦隊約600人、東チモールに約690人、そして中東・ゴラン高原に45人を出動させている。この上にイラクへ1000人規模の出動である。いわば、数千人規模の自衛隊員たちが、常時海外出動、海外派兵しているという、まさしく「海外派兵の時代」がつくりだされているのだ。

おそらく、「海外出動恒久法」（03年7月11日付『朝日新聞』）をも具体的に検討されている中で、これから自衛隊員の海外出動は、数千人規模どころか、万の単位に行きつくことになるだろう。そうして、ここで危惧している「戦死の時代」が現実化していくことになる。このような、「戦死の時代」「戦争の時代」の歯車をここで止められるのか否かが、今問われているのだ。

［註　収録した諸文書中で、「●●●●●」としているのは、防衛庁から開示された文書の1行のみの「スミ塗り」、「●●●●●」（〇行・〇頁スミ塗り）としているのは、行・頁が「スミ塗り」の箇所である。］

29

第Ⅰ部 自衛隊の治安出動・警護出動

第一 自衛隊の施設等の警護出動に関する大綱（極秘）

● 自衛隊の施設等の警護出動に関する大綱（案）

統幕3室

指定前秘密（極秘）

13・11・7

1 目的

本大綱は、自衛隊が我が国にある自衛隊の施設又は在日米軍の施設及び区域（以下、「自衛隊の施設等」という。）の警護にあたる場合の構想、当面の措置等の大綱を定めるものである。

2 自衛隊の施設等を警護する場合の新たな権限

(1) 警護出動（隊法第81条の2、隊法第91条の2）

(2) 平常時からの自衛隊の施設の警護のための武器の使用（隊法第95条の2）

3 方針

(1) 自衛隊は、自衛隊の施設等に対するテロ攻撃の発生を未然に防止するとともに、万一攻撃が行われた場合の対応に万全を期すため、指定された自衛隊の施設等における警護を実施する。

(2) 警護の実施にあたっては、在日米軍及び関係機関との緊密な連携を図りつつ、所在の警

第Ⅰ部　自衛隊の治安出動・警護出動

(3) この際、我が国の防衛態勢を維持するために必要な隊務の遂行との両立を図る。

(4) 地元自治体との良好な関係の維持に努める。

4　運用構想

(1) 自衛隊の施設の警護

ア　警護出動が下令されるまでの間、各自衛隊の基地司令等が定める警備規則等（隊法第95条の2の権限の適用を含む。）に基づき、警護を実施する。

イ　警護出動が下令された場合、各自衛隊は、隊法第91条の2に基づく権限をもって、警護出動を命ぜられた施設の警護を実施することを任務とする。この際、統合幕僚会議は、所要の統合調整を実施する。

ウ　共同使用基地に対し、在日米軍使用部分とともに自衛隊使用部分に対しても警護出動が下令された場合、当該基地等の基地司令等は、当該基地に所在する米軍の基地司令、自衛隊の警護部隊の長及び関係機関と連携して、整合のとれた当該施設の警護を実施する。

(2) 在日米軍の施設及び区域の警護

ア　警護出動の下令を受けて、警護出動を命ぜられた施設及び区域の警護を実施する。

イ　細部については、別冊「自衛隊による在日米軍基地等の警護要領」による。

(3) 警護出動時における運用上の考慮事項

本大綱は、警護出動時における部隊行動基準及び運用要領に関する今後の検討成果を反映

させる必要がある。

★別冊　自衛隊による在日米軍基地等の警護要領（案）
指定前秘密（極秘）
2頁以下18頁まで不開示

第二　自衛隊と警察の治安出動の際における協定

● 治安出動の際における治安の維持に関する協定

防衛庁と国家公安委員会とは、治安出動の際における治安の維持に関する協定（昭和29年9月30日）の全部を改正するこの協定を締結する。

平成12年12月4日

防衛庁長官　虎島和夫

国家公安委員会委員長　西田　司

（趣旨）

第1条　この協定は、自衛隊が治安出動する際に自衛隊と警察が円滑かつ緊密に連携して任務を遂行し、治安を維持するため、その際における自衛隊と警察の協力関係に関する基本的事項を定めるものとする。

（相互の意見聴取）

第2条　防衛庁長官は、治安出動待機命令を発する必要があると認める場合において、内閣総理大臣に対しその旨を報告しようとするときは、国家公安委員会に連絡の上、その意見を付して行うものとする。

2　防衛庁長官又は国家公安委員会は、治安出動命令が発せられる必要があると認める場合にお

いて、内閣総理大臣に対しその旨を具申しようとするときは、それぞれ他方に連絡の上、その意見を付して行うものとする。

3 前2項の規定による連絡を受けた国家公安委員会は、速やかにこれについて意見を述べるものとする。前項の規定による連絡を受けた防衛庁長官についても、同様とする。

4 防衛庁長官又は国家公安委員会は、第1項及び第2項の規定にかかわらず、事態が緊迫して他方の意見を待ついとまがないときは、他方に通知の上、これを付さずに報告又は具申を行うことができる。

（事態への対処）

第3条　自衛隊及び警察は、治安出動命令が発せられた場合には、次に掲げる基準に準拠して、警察力の不足の程度、事態の状況等に応じた具体的な任務分担を協議により定め、それぞれの指揮系統に従い、事態に対処するものとする。

（1）治安を侵害する勢力の鎮圧及び防護対象の警備に関しおおむね警察力をもって対処することができる場合においては、自衛隊は、主として警察の支援後拠として行動するものとすること。

（2）治安を侵害する勢力の鎮圧に関しおおむね警察力をもって対処することができるが、防護対象の警備に関し警察力が不足する場合においては、自衛隊は、警察力の不足の程度に応じ、警察と協力して防護対象の警備に当たるものとすること。

（3）治安を侵害する勢力の鎮圧に関し警察力が不足する場合においては、自衛隊及び警察は、協力してその鎮圧に当たるものとし、この場合の任務分担は治安を侵害する勢力の装備、行動態

36

第1部　自衛隊の治安出動・警護出動

様等に応じたものとすること。

2　前項に定めるもののほか、治安出動命令が発せられた場合においては、自衛隊（主として警務官及び警務官補〈以下「警務官等」という。〉）は、必要に応じ、警察に協力して、交通整理、質問、避難等の措置を行うものとする。

3　治安出動命令が発せられた場合において、自衛隊の隊員が現行犯人を逮捕したときは、昭和36年6月3日付け防衛庁発人第176号及び昭和36年6月7日付け国公委刑発第1号をもって合意された犯罪捜査に関する協定により警務官等が当該現行犯人に係る犯罪の捜査を行うものとされるときを除き、直ちにこれを警察官に引き渡すものとする。この場合において、自衛隊及び警察は、当該犯罪捜査に関し密接な連絡を保つものとする。

（連絡等）

第4条　自衛隊及び警察は、治安出動命令が発せられることとなる可能性のある事態が発生し、又は治安出動命令が発せられた場合には、次の各号に掲げる連絡、協力又は調整を行うものとする。

（1）連絡員の相互派遣その他の方法により、治安情報（資料を含む。）その他の事項に関し、相互に緊密に連絡すること。

（2）任務遂行に支障のない範囲内において、死傷者の収容、治療及び後送、通信施設その他の施設の利用、車両その他の物品の使用、専門的知識及び提供等に関し、相互に緊密に協力すること。

（3）広報に関し、相互に調整すること。
（細部協定）
第5条　防衛庁及び警察庁は、この協定の実施に関し必要な事項について、細部協定を締結するものとする。
（現地協定）
第6条　自衛隊の方面隊若しくはその直轄部隊、地方隊又は航空方面隊若しくは航空混成団及び関係する警視庁又は道府県警察本部は、この協定及び前条に規定する細部協定に基づき、必要に応じ、現地協定を締結するものとする。
（見直し）
第7条　この協定に定める事項については、必要に応じ、見直しを行うものとする。
付則　この協定は、平成13年2月1日から実施する。

第三　自衛隊と警察の治安出動の際における細部協定

● 治安出動の際における治安の維持に関する細部協定

　防衛庁と警察庁とは、治安出動の際における治安の維持に関する細部協定（平成12年12月4日）第5条の規定に基づき、治安出動の際における治安の維持に関する細部協定（昭和32年12月25日）の全部を改正するこの協定を締結する。

　平成13年2月1日

防衛事務次官　佐藤　謙
警察庁長官　田中　節夫

（自衛隊の協力区分）
第1条　治安出動の際における治安の維持に関する協力は、主として陸上自衛隊が行うものとする。ただし、沿岸海域の警備、陸上自衛隊の部隊が派遣されるまでの離島の緊急警備、人員及び物品の海上輸送等に関する協力は海上自衛隊が、離島における航空自衛隊の施設の利用、人員及び物品の航空輸送（航空自衛隊の航空機によるものに限る。）等に関する協力は航空自衛隊が、それぞれ行うものとする。

（治安出動命令が発せられた場合の通報等）
第2条　治安出動命令が発せられた場合においては、防衛庁運用局長は警察庁警備局長及び警察

庁情報通信局長に対し、当該治安出動命令を受けた部隊に係る自衛隊側連絡責任者（別表の左欄に掲げる警察側連絡責任者をいう。以下同じ。）のうち出動地域を管轄するものに対し、それぞれ、直ちに、治安出動命令が発せられた旨、出動地域、出動する部隊の名称、当該部隊の指揮官の官職及び氏名その他必要な事項を通報するものとする。

2　前項の場合においては、防衛庁運用局長及び警察庁警備局長は、直ちに、次に掲げる事項について、相互に連絡し、又は協議するものとする。

（1）事態への対処の基本方針に関すること。
（2）治安情報（資料を含む。以下同じ。）に関すること。
（3）広報に関すること。
（4）その他必要な事項に関すること。

3　第1項の場合においては、防衛庁運用局長及び警察庁情報通信局長は、必要に応じ、次に掲げる事項について、相互に連絡し、又は協議するものとする。

（1）通信系の相互利用に関すること。
（2）自衛隊と警察との間の通信系の構成に関すること。

4　第1項の場合においては、同項の自衛隊側連絡責任者及び警察側連絡責任者は、直ちに、次に掲げる事項について、相互に連絡し、又は協議するものとする。

（1）事態への対処の方針に関すること。

第1部　自衛隊の治安出動・警護出動

(2) 治安を侵害する勢力の鎮圧及び防護対象の警備に関する任務分担並びにこれらに必要な出動部隊の人員及び主要装備品に関すること。
(3) 交通整理、質問、避難等の措置に関すること。
(4) 自衛隊の隊員が逮捕した現行犯人の引渡しに関すること。
(5) 連絡方法に関すること。
(6) 治安情報に関すること。
(7) 死傷者の収容、治療及び後送に関すること。
(8) 施設の利用及び車両その他の物品の使用に関すること。
(9) 人員及び物品の輸送に関すること。
(10) 専門的知識及び技術の提供に関すること。
(11) 広報に関すること。
(12) その他必要な事項に関すること。

5　前項の協議により定める事項の内容は、第2項の協議により定める事項の内容に沿うものでなければならない。

6　第2項から前項までの規定は、治安出動命令が発せられることとなる可能性のある事態が発生した場合に準用する。この場合において、第4項中「同項の」とあるのは「治安出動命令を受けることとなる可能性のある部隊に係る」と、「警察側連絡責任者」とあるのは「これに対応する警察側連絡責任者のうち出動地域となる可能性のある地域を管轄するもの」と読み替えるもの

41

とする。

（撤収命令が発せられた場合の通報等）

第3条　撤収命令が発せられた場合においては、防衛庁運用局長は警察庁警備局長及び警察庁情報通信局長に対し、当該撤収命令を受けた部隊に係る自衛隊側連絡責任者は対応する警察側連絡責任者のうち当該部隊の出動地域を管轄するものに対し、それぞれ撤収命令が発せられた旨を通報するものとする。

2　前項の場合においては、防衛庁運用局長及び警察庁警備局長並びに前項の自衛隊側連絡責任者及び警察側連絡責任者の間においても同様とする。

（平素の連携）

第4条　防衛庁運用局長及び警察庁警備局長は、撤収に関し必要な事項について相互に連絡し、又は協議するものとする。防衛庁運用局長及び警察庁情報通信局長の間並びに前項の自衛隊側連絡責任者及び警察側連絡責任者の間においても同様とする。

2　防衛庁運用局長及び警察庁警備局長は、基本協定及びこの協定を実施するために必要な範囲内で、平素から情報を交換するとともに、訓練その他の事項について密接に連携するものとする。防衛庁運用局長及び警察庁情報通信局長の間並びに自衛隊側連絡責任者及びこれに対応する警察側連絡責任者の間においても同様とする。

（現地協定）

第5条　基本協定第6条の規定による現地協定は、自衛隊側連絡責任者及びこれに対応する警察側連絡責任者が第2条第4項（同条第6項において準用する場合を含む。）の規定による連絡又は協議を行うため必要な事項について締結するものとする。

附則

1　この協定は、平成13年2月1日から実施する。ただし、防衛庁設置法等の一部を改正する法律（平成12年法律第58号）附則第1項の規定に基づく政令により定められる日までの間は、別表自衛隊側連絡責任者の欄中「第12旅団長」とあるのは「第12師団長」とする。
2　治安出動の際における自衛隊と警察との通信の協力に関する細部協定（昭和33年10月27日）及び治安出動の際における自衛隊と警察との通信の協力に関する実施細目協定（昭和35年3月29日）は、廃止する。

別表（略）

第四　陸自北部方面隊と北海道警察の治安出動の際の現地協定

● 治安出動の際における治安の維持に関する現地協定

平成14年4月22日

陸上自衛隊北部方面総監　陸将　先崎　一 ㊞

北海道警察本部長　警視監　上原　美都男 ㊞

陸上自衛隊北部方面隊と北海道警察は、「治安出動の際における治安の維持に関する協定（平成12年12月4日）」第6条及び「治安出動の際における治安の維持に関する細部協定（平成13年2月1日）」第5条の規定に基づき、「治安出動の際における治安の維持に関する現地協定（昭和34年1月1日）」の全部を改正するこの協定を締結する。

（目的）

第1条　この協定は、北海道警察の管轄区域内において、陸上自衛隊北部方面隊（以下「北部方面隊」という。）が治安出動する際に北部方面隊と北海道警察とが円滑かつ緊密に連携して任務を遂行するため、平素から連絡調整すべき事項、出動時の手続、任務分担等について、必要な事項を定めることを目的とする。

（任務分担）

第2条　北部方面隊及び北海道警察は、治安出動命令が発せられた場合、別表第1に掲げる基準

44

第Ⅰ部　自衛隊の治安出動・警護出動

に準拠して、警察力の不足の程度、事態の状況等に応じた具体的な任務分担を協議により定め、それぞれの指揮系統に従い、事態に対処するものとする。

2　北部方面隊及び北海道警察は、治安出動命令が発せられることとなる可能性のある事態が発生し、又は治安出動命令が発せられた場合（以下「治安出動命令時等」という。）には、それぞれの任務遂行に支障のない範囲内で、死傷者の収容、治療及び後送、施設の利用、車両その他の物品の使用、人員及び物資の輸送、専門的知識及び技術の提供等に関し、相互に協力するものとする。

（連絡担当者の設定等）

第3条　北部方面隊及び北海道警察は、治安出動命令が発せられた場合、事態に適切に対応できるよう、平素より治安に関する情報の交換、情勢の共同研究、事態発生時の任務分担の検討及び共同訓練等を行うため、連絡担当者を設定するとともに、連絡会議を設置するものとする。

（連絡担当者）

第4条　北部方面隊及び北海道警察は、平素からの連絡窓口として、別表第2に定める区分により連絡担当者を置く。

2　連絡担当者は、必要に応じて連絡担当補助者を指名することができることとし、連絡担当補助者を指名した場合には、相互に通知するものとする。

（連絡会議）

第5条　連絡会議は、地方連絡会議及び現地連絡会議に区分し、別表第3に掲げる者をもって構

成する。

2　連絡会議には、必要に応じ、北部方面隊又は他の方面隊の隊員を、北海道警察にあっては長官直轄部隊又は他の方面隊の隊員を、北海道警察にあっては北海道警察通信部の職員を加えることができる。

3　連絡会議の開催場所は、状況に応じその都度協議して決定する。

4　北部方面隊と北海道警察は、治安出動命令時等においては、連絡員の相互派遣その他の方法により、治安情報その他の事項に関し、相互に緊密に連絡するとともに、直ちに連絡会議を開催するものとする。

5　前項の規定により開催される連絡会議においては、次の各号に掲げる事項について連絡又は協議するものとする。

(1)　事態への対処の方針に関すること。
(2)　治安を侵害する勢力の鎮圧及び防護対象の警備における任務分担に関すること。
(3)　任務の遂行に必要な出動部隊の人員及び主要装備品に関すること。
(4)　治安情報に関すること。
(5)　保全に関すること。
(6)　連絡方法に関すること。
(7)　自衛隊の隊員が逮捕した現行犯人の引渡しに関すること。
(8)　交通整理、質問、避難等の措置に関すること。
(9)　死傷者の収容、治療及び後送に関すること。

46

(10) 施設の利用及び車両その他の物品の使用に関すること。
(11) 人員及び物品の輸送に関すること。
(12) 専門的知識及び技術の提供に関すること。
(13) 広報に関すること。
(14) その他必要な事項に関すること。
6 現地連絡会議により定める事項の内容は、地方連絡会議により定めるものでなければならない。
7 第4項の規定により開催される連絡会議は、都府県警察の管轄区域にまたがる事案が発生した場合その他必要な場合、他の師団又は旅団と都府県警察との間に設置されている連絡会議と合同して開催することができる。
8 北部方面隊と北海道警察は、第5項に掲げる事項について、治安出動命令時等に備え、平素から連絡会議において協議、検討するものとする。
（保全）
第6条 北部方面隊と北海道警察は、治安情報の交換、連絡協議内容等について保全を必要とする事項は、相互に協議の上、所要の措置を行うものとする。
（通信）
第7条 治安出動命令時等における北部方面隊と北海道警察との間の通信については、治安出動の際における治安の維持等に関する細部協定第2条第3項に基づく防衛庁及び警察庁の連絡協議の

内容に沿って、協議するものとする。
（現行犯人の逮捕引渡し）
第8条　治安出動命令が発せられた場合において、北部方面隊の隊員が現行犯人を逮捕したときは、必要な証拠の保全につとめ、昭和36年6月3日付け防衛庁発人1第176号及び昭和36年6月7日付け国公委刑発第1号をもって合意された犯罪捜査に関する協定により警務官及び警務官補が当該現行犯人に係る犯罪の捜査を行うものとされているときを除き、直ちに身柄を証拠物件とともに警察官に引き渡すものとする。

2　現行犯人の引渡しは、最寄りの警察署又はあらかじめ協議して定めた場所において行うものとする。

3　第1項に基づき、北部方面隊の隊員が現行犯人を引き渡す場合、当該隊員は、逮捕日時、場所、確認した犯罪事実、逮捕時の状況及びの氏名等を明らかにする措置を講じ、引渡し後においても緊密な連絡を保持して、事件に憾のないようにするものとする。

（居住者等に対する措置）
第9条　北部方面隊及び北海道　　　　　出動区域の居住者等に対する広報等に関し緊密な連絡調整を行って統一的な活動を行　　　とする。

2　交通整理、質問、避難　　　　　の居住者等に対する措置は、努めて警察が行うこととし、北部方面隊は必要に応じ　　力するものとする。

3　北部方面隊の　　出動区域において、前項の措置を行う場合には、あらかじめ（やむを得

第Ⅰ部　自衛隊の治安出動・警護出動

ない場合においては、事後速やかに）必要な事項を北海道警察に通知するものとする。

（死傷者の収容、治療及び後送）

第10条　北部方面隊及び北海道警察は、治安を侵害する勢力の中に生じた死傷者の収容、治療及び後送については、相互に協議して決定するものとする。

2　北部方面隊及び北海道警察の中に生じた死傷者の収容、治療及び後送については、所属の区別なく相互援助に遺憾のないよう努めるものとする。

（部外に対する発表）

第11条　北部方面隊及び北海道警察は、報道機関等部外に対する発表を行うに当たっては、その内容が双方に関連する事項については、相互に協議の上、これを行うものとする。

2　前項の規定による協議の対象とならない事項についても、報道機関等部外に対して発表する場合には、あらかじめ（やむを得ない場合においては、事後速やかに）その内容を他方に通知するものとする。

（協定の改訂）

第12条　この協定の改訂は、必要に応じその都度協議の上、実施するものとする。

附則

1　この協定は、平成14年4月22日から実施する。

2　「治安出動の際における陸上自衛隊北部方面隊と北海道警察本部との通信実施に関する現地協定（昭和36年1月1日）」は、廃止する。

3 北海道警察の管轄区域内において、北部方面隊以外の陸上自衛隊の部隊が治安出動する場合、本協定を準用して北海道警察と円滑かつ緊密に連携するものとする。

任務分担の基準　別表第1（第2条第1項関係）

類　型	任　務　分　担
第1類型	治安を侵害する勢力の鎮圧及び防護対象の警備に関し、おおむね警察力をもって対処することができるが、事態への対処に関し、自衛隊の支援を必要とする場合	1　北海道警察は、治安を侵害する勢力の鎮圧、防護対象の警備その他治安の維持に当たるものとする。 2　北部方面隊は、直接対処に当たる警察への支援後拠（注）として行動し、事後において第2類型又は第3類型の行動をすることもあり得ることを考慮しつつ、方面隊の任務遂行に支障のない範囲内で、警察の要請により所要の支援を行うものとする。
第2類型	治安を侵害する勢力の鎮圧に関しおおむね警察力をもって対処することができるが、防護対象の警備に関し警察力が不足する場合	1　北海道警察は、治安を侵害する勢力の鎮圧、防護対象の警備その他治安の維持に当たるものとする。その際、防護対象の警備に関しては、北部方面隊と協力して実施するもの

50

	第3類型 治安を侵害する勢力の鎮圧に関し警察力が不足する場合	とする。 2 北部方面隊は、警察力の不足の程度、事態の状況等に応じて、北海道警察と協力し、防護対象の警備に当たるものとする。 3 防護対象の警備に当たっては、相互の協議により、区域割り等により任務の分担を決定する。
		1 北海道警察は、治安を侵害する勢力の規模、装備、行動態様等に応じ北部方面隊と協力し治安を侵害する勢力の鎮圧、防護対象の警備その他治安の維持に当たるものとする。 2 北部方面隊は、治安を侵害する勢力の規模、装備、行動態様等に応じ、北海道警察と協力し、治安を侵害する勢力の鎮圧、防護対象の警備に当たるものとする。 3 治安を侵害する勢力の鎮圧及び防護対象の警備に当たっては、相互の協議により、任務の分担を決定する。

（注）ここにいう「支援後拠」とは、警察の後方にあって、現実に警察力不足となった場合に備えて、直ちに行動し得る態勢をとるとともに、第2条第2項に規定する事項のうち必要あるものについて支援し、又は支援し得る態勢をとることをいう。

連絡担当者及び担当区域　別表第2（第4条第1項関係）

連絡担当者		担　当　区　域
北部方面隊 （連絡担当者）	北海道警察 （連絡担当者）	北　海　道　全　域
北部方面総監部 （防衛部長）	北海道警察本部 （警備部長）	
第2師団司令部 （第3部長）	旭川方面本部 （警備課長）	旭川市、留萌市、稚内市、士別市、名寄市、深川市、富良野市、上川支庁管内、留萌支庁管内、宗谷支庁管内及び空知支庁管内のうち雨竜郡
	北海道警察	紋別市及び網走支庁管内のうち紋別郡及び登呂郡の佐呂間町
	北見方面本部 （警備課長）	北見市、網走市及び網走支庁管内（紋別郡及び登呂郡の佐呂間町を除く。）
第5師団司令部 （第3部長）	釧路方面本部	釧路市、帯広市、根室市、十勝支庁管内、釧路支庁管内及び根室支庁管内

52

★連絡会議の構成（略）別表第3（第5条第1項関係）

第7師団司令部 （第3部長）	北海道警察本部 （警備課長）	室蘭市、夕張市、苫小牧市、千歳市、登別市、恵庭市、伊達市、北広島市、胆振支庁管内、日高支庁管内及び空知支庁管内のうち夕張郡及び空知郡の南幌町
第11師団司令部 （第3部長）		札幌市、小樽市、岩見沢市、美唄市、芦別市、赤平市、江別市、三笠市、砂川市、歌志内市、滝川市、石狩市、石狩支庁管内、空知支庁管内（雨竜郡、夕張郡及び空知郡の南幌町を除く。）及び後志支庁管内（寿都郡及び島牧郡を除く。）
	北海道警察 函館方面本部 （警備課長）	函館市、渡島支庁管内、檜山支庁管内及び後志支庁管内のうち寿都郡及び島牧郡

第五　陸自第１師団と警視庁の治安出動の際の現地協定

● 治安出動の際における治安の維持に関する現地協定

陸上自衛隊第１師団と警視庁とは、治安出動の際における治安の維持に関する細部協定（平成13年2月1日）第6条及び治安出動の際における治安の維持に関する協定（平成12年12月4日）第5条の規定に基づき、次のとおり協定する。

平成14年4月26日

　　　　　陸上自衛隊第１師団長　陸将　青木　勉 ㊞

　　　　　警　視　総　監　　　　　野田　健 ㊞

（目的）
第１条　この協定は、警視庁の管轄区域内において、陸上自衛隊第１師団（以下「第１師団」という。）が治安出動する際に第１師団と警視庁とが円滑かつ緊密に連携して任務を遂行するため、平素から連絡調整すべき事項、出動時の手続、任務分担等について、必要な事項を定めることを目的とする。

（任務分担）
第２条　第１師団及び警視庁は、治安出動命令が発せられた場合、別紙第1に掲げる基準に準拠して、警察力の不足の程度、事態の状況等に応じた具体的な任務分担を協議により定め、それぞ

れの指揮系統に従い、事態に対処するものとする。

2　第1師団及び警視庁は、治安出動命令が発せられることとなる可能性のある事態が発生し、又は治安出動命令が発せられた場合（以下「治安出動命令時等」という。）には、それぞれの任務遂行に支障のない範囲内で、死傷者の収容、治療及び後送、施設の利用、車両その他の物品の使用、専門的知識及び技術の提供等に関し、相互に協力するものとする。

（連絡担当者の設定等）
第3条　第1師団及び警視庁は、治安出動命令が発せられた場合に事態に適切に対応できるよう、平素より治安に関する情報の交換、情勢の共同研究、事態発生時の任務分担の検討及び共同訓練等を行うため、連絡担当者を設定するとともに、連絡会議を設置するものとする。

（連絡担当者）
第4条　連絡担当者は、第1師団にあっては師団司令部第3部長、警視庁にあっては警備第1課長をもって充てる。

2　連絡担当者は、必要に応じて連絡担当補助者を指名することができることとし、連絡担当補助者を指名した場合には、相互に通知するものとする。

（連絡会議）
第5条　連絡会議は、別紙第2に掲げる職員をもって構成し、必要に応じ、第1師団にあっては方面隊、他の師団又は旅団等の隊員を加えることができる。

2　連絡会議の開催場所は、状況に応じその都度協議して決定する。

3　第1師団と警視庁は、治安出動命令時等においては、連絡員の相互派遣その他の方法により、治安情報その他の事項に関し、相互に緊密に連絡するとともに、直ちに連絡会議を開催するものとする。

4　前項の規定により開催される連絡会議においては、次の各号に掲げる事項について連絡又は協議するものとする。

(1) 事態への対処の方針に関すること。
(2) 治安を侵害する勢力の鎮圧及び防護対象の警備に関する任務分担並びにこれらに必要な出動部隊の人員及び主要装備品に関すること。
(3) 交通整理、質問、避難等の措置に関すること。
(4) 自衛隊の隊員が逮捕した現行犯人の引渡しに関すること。
(5) 連絡方法に関すること。
(6) 治安情報に関すること。
(7) 死傷者の収容、治療及び後送に関すること。
(8) 施設の利用及び車両その他の物品の使用に関すること。
(9) 人員及び物品の輸送に関すること。
(10) 専門的知識及び技術の提供に関すること。
(11) 広報に関すること。
(12) その他必要な事項に関すること。

5　第3項の規定により開催される連絡会議は、他の県警察の管轄区域にまたがる事案が発生した場合その他必要な場合、第1師団と他の県警察との間に設置されている連絡会議と合同して開催することができる。

6　第1師団と警視庁は、第4項に掲げる事項について、治安出動命令時等に備え、平素から連絡会議において協議、検討するものとする。

（通信）

第6条　治安出動命令時等における第1師団と警視庁との間の通信については、治安出動の際における治安の維持に関する細部協定第2条第3項に基づく防衛庁及び警察庁の連絡協議の内容に沿って、協議するものとする。

（現行犯人の逮捕引渡し）

第7条　治安出動命令が発せられた場合において、第1師団の隊員が現行犯人を逮捕したときは、必要な証拠の保全に努め、昭和36年6月3日付け国公委刑発第1号をもって合意された犯罪捜査に関する協定により警務官及び警務官補が当該現行犯人に係る犯罪の捜査を行うものとされているときを除き、直ちに身柄を証拠物件とともに警察官に引き渡すものとする。この場合、現行犯人の引渡しは、最寄りの警察署又はあらかじめ協議して定めた場所において行うものとする。

2　前項に基づき、第1師団の隊員が現行犯人を引き渡す場合、当該隊員は、逮捕日時、場所、確認した犯罪事実、逮捕時の状況及び犯人の氏名等を明らかにする措置を講じ、引渡後において

も緊密な連絡を保持して、事件処理に遺憾のないようにするものとする。

（居住者等に対する措置）

第8条　第1師団及び警視庁は、出動区域の居住者等に対する広報等に関し緊密な連絡調整を行って統一的な活動を行うものとする。

2　交通整理、質問、避難その他の居住者等に対する措置は、努めて警視庁が行うこととし、第1師団は必要に応じこれに協力するものとする。

3　第1師団の部隊が出動区域において、前項の措置を行う場合には、予め（やむを得ない場合においては、事後速やかに）必要な事項を警視庁に通知するものとする。

（死傷者の収容、治療及び後送）

第9条　第1師団及び警視庁は、治安を侵害する勢力の中に生じた死傷者の収容、治療及び後送については、相互に協議して決定するものとする。

2　第1師団及び警視庁の中に生じた死傷者の収容、治療及び後送については、所属の区別なく相互援助に遺憾のないよう努めるものとする。

（部外に対する発表）

第10条　第1師団及び警視庁は、報道機関等部外に対する発表を行うに当たっては、その内容が双方に関連する事項については、相互に協議の上、これを行うものとする。

2　前項の規定による協議の対象とならない事項についても、報道機関等部外に対して発表した場合は、事後速やかにその内容を他方に通知するものとする。

58

第Ⅰ部　自衛隊の治安出動・警護出動

（協定の改訂）

第11条　この協定の改訂は、必要に応じ、その都度協議の上、実施するものとする。

附則

1　この協定は、平成14年4月26日から実施する。

2　治安出動命令が発せられ、陸上自衛隊東部方面総監が第1師団以外の陸上自衛隊の部隊に対し警視庁の管轄区域内への出動を命じた場合、出動を命ぜられた当該部隊と警視庁との協定に関しては、「第1師団」を出動を命ぜられた当該部隊に読み替えて適用するものとする。

任務分担の基準（別紙第1）

1　第1類型

治安を侵害する勢力の鎮圧及び防護対象の警備に関し、おおむね警察力をもって対処することができるが、事態への対処に関し、自衛隊の支援を必要とする場合

ア　警視庁は、治安を侵害する勢力の鎮圧、防護対象の警備その他治安の維持に当たるものとする。

イ　第1師団は、直接対処に当たる警察への支援後拠（注）として行動し、事後において第2類型又は第3類型の行動をすることもあり得ることを考慮しつつ、師団の任務遂行に支障のない範囲内で、警察の要請により所要の支援を行うものとする。

（注）ここにいう「支援後拠」とは、警察の後方にあって、現実に警察力不足となった場合に備え

59

て、直ちに行動し得る態勢をとるとともに、第2条第2項に規定する事項のうち必要あるものについて支援し、又は支援し得る態勢をとることをいう。

2 第2類型
治安を侵害する勢力の鎮圧に関し、おおむね警察力をもって対処することができるが、防護対象の警備に関し警察力が不足する場合
ア 警視庁は、治安を侵害する勢力の鎮圧、防護対象の警備その他治安の維持に当たるものとする。その際、防護対象の警備に関しては、第1師団と協力して実施するものとする。
イ 第1師団は、警察力の不足の程度、事態の状況等に応じて、警視庁と協力し、防護対象の警備に当たるものとする。
ウ 防護対象の警備に当たっては、相互の協議により区域割り等により任務の分担を決定する。

3 第3類型
治安を侵害する勢力の鎮圧に関し警察力が不足する場合
ア 警視庁は、治安を侵害する勢力の規模、装備、行動態様等に応じ、第1師団と協力し、治安を侵害する勢力の鎮圧、防護対象の警備その他治安の維持に当たるものとする。
イ 第1師団は、治安を侵害する勢力の規模、装備、行動態様等に応じ、警視庁と協力し、治安を侵害する勢力の鎮圧、防護対象の警備に当たるものとする。
ウ 治安を侵害する勢力の鎮圧及び防護対象の警備に当たっては、相互の協議により、任務の分担を決定する。

第Ⅱ部　自衛隊の海上警備行動

第一 能登半島沖不審船事件と海上警備行動

●能登半島沖不審船事案における対応等について

1 事案の概要

(1) 平成11年3月23日早朝、警戒監視活動中のP-3Cが、佐渡島西方の領海内で不審船らしい船舶を発見し、海上保安庁に通報した。海上保安庁は、これらの船舶について確認したところ、第二大和丸については、兵庫県浜坂沖で操業中であることが、第一大西丸については、漁船原簿から抹消されていることが確認され、最終的に不審船であると判断された。

(2) 海上保安庁では、両船に対し停船命令、威嚇射撃を実施したが、両船は無視して高速で逃走を続け、24日0時30分、運輸大臣から、防衛庁長官に対し、海上保安庁の能力を超える事態に至ったので、この後は内閣において判断されるべきものである旨の連絡があった。これを受けて、同日0時45分に、閣議を経て内閣総理大臣の承認を受け、0時50分に自衛隊創設以来初めての海上警備行動が発令された。

(3) 自衛隊は、海上警備行動発令の後、護衛艦による警告射撃やP-3Cによる警告としての爆弾投下等の対処を行ったが、2隻の不審船は、それぞれ3時20分、6時6分に我が国の防空識別圏を越えたため、追尾を終了し、同日15時30分をもって海上警備行動を終結した。

第Ⅱ部　自衛隊の海上警備行動

その後、30日には、さらに種々の情報を総合的に分析した結果、政府として、不審船2隻は、北朝鮮の工作船であるとの判断に至ったことから、我が国領海の警備についての政府の断固たる決意を示し、今後、この種の事案の発生に対する大きな抑止力となるものと考えている。

2　事案後の政府及び防衛庁の対応等

(1) 今回の事案については、不審船の停船や立入検査に至らなかったが、我が国領海の警備についての政府の断固たる決意を示し、今後、この種の事案の発生に対する大きな抑止力となるものと考えている。

(2) 一方、政府においては、先般の不審船事案における一連の活動を点検した上で、現行法の枠組みの下での必要な措置について検討し、平成11年6月4日の関係閣僚会議において、「能登半島沖不審船事案における教訓・反省事項」がとりまとめられた。内容としては、関係省庁間の情報連絡や協力の強化、対応能力の整備、政府全体としての対応要領の充実等を図るものである。

(3) これを受け、防衛庁としては、海上保安庁との間で、不審船対処に係る具体的な連携の考え方について整理し、平成11年10月20日、11月30日の2度にわたり、実効性を検証するための机上訓練及び実動訓練を実施してきたところであり、これらを踏まえて、平成11年12月27日、不審船が発見された場合の初動対処、海上警備行動の発令前後における海上自衛隊と海上保安庁との間の役割分担や共同対処要領等について定めた「不審船に係る共同対処マニュアル」を策定したところである。なお、平成12年9月、本マニュアルに基づく共同訓練（図上演習）を実施し、海上保安庁との連携強化を図っている。

63

（参考1）

3月23日（火）
06・42～ P-3Cが、佐渡島西方約10海里の領海内において、不審船らしいものを視認した。
09・25 P-3Cが、能登半島東方約25海里の領海内において、不審船らしいものを視認した。
11・00 能登半島東方沖に進出した「はるな」が、不審船らしいものの船名（第二大和丸ほか1隻）を確認し、海上保安庁に通報した。
12・10 佐渡島西方に移動した「はるな」が、不審船らしいものの船名（第一大西丸）を確認した。
13・03 「はるな」が、さらに1隻の不審な漁船（第一大西丸）を発見した旨、海上保安庁に通報した。
13・06 「みょうこう」が、第二大和丸の追尾を開始した。
23・47 「はるな」は、レーダーにより、第一大西丸の停船を確認した。

3月24日（水）
00・09 「はるな」は、第一大西丸の航行再開を確認した。
00・30 運輸大臣から、防衛庁長官に対し、海上保安庁の能力を超える事態に至ったので、この後は内閣において判断されるべきものである旨の連絡があった。防衛庁長官は、内

64

第Ⅱ部　自衛隊の海上警備行動

00・45　閣総理大臣に対して、海上における警備行動の承認の申請を行った。

00・50　内閣総理大臣は、海上警備行動を承認した。（安全保障会議、閣議決定）

01・00　防衛庁長官により海上警備行動が発令された。

01・18　「はるな」が、停船命令（無線及び発光信号）を実施した。

01・19〜02・24　「みょうこう」が、停船命令（無線及び発光信号）を実施した。

01・32〜04・38　「みょうこう」が、13回（計13発）警告射撃を実施した。

03・12〜03・13　「はるな」が、12回（計22発）警告射撃を実施した。

03・20　第二大和丸の周辺に爆弾（4発）を警告投下した。

04・01　第一大和丸の周辺に爆弾（4発）を警告投下した。

05・41　別のP―3Cが、第一大和丸の周辺に爆弾（4発）を警告投下した。

06・06　上記2機と異なるP―3Cが、第一大和丸の周辺に爆弾（4発）を警告投下した。

15・30　第一大西丸が防空識別圏を通過し、同船への追尾を終了した。

防衛庁長官より、海上警備行動の終結が発令された。

65

★〈参考3〉 能登半島沖不審船事案における教訓・反省事項（要約）

（平成11年6月4日関係閣僚会議とりまとめ）

1 関係省庁間の情報連絡や協力の在り方
① 海上保安庁及び防衛庁は、不審船を視認した場合には、速やかに相互通報するとともに、他の関係省庁へ連絡。内閣官房は、情報の一元化を図りつつ、官邸への報告及び関係省庁への伝達を迅速に実施
② 民間関係者から不審船情報を速やかに入手できる体制の強化

2 海上保安庁及び自衛隊の対応能力の整備
① 海上保安庁の対応能力の整備（巡視船艇の能力の強化、航空機の能力の強化、既存の高速小型巡視船の配備の見直し、新たな捕捉手法の検討）
② 海上自衛隊の対応能力の整備（艦艇の能力の強化、航空機の能力の強化、立入検査用装備の整備、新たな捕捉手法の検討）
③ 海上保安庁と自衛隊間の相互の情報通信体制の強化など

3 海上警備行動の迅速かつ適切な発令の在り方
状況により、官邸対策室を設置するとともに、必要に応じ関係閣僚会議を開催し、海上警備行動の発令を含め対応について協議。海上警備行動の発令が必要となった場合には、安全保障会議及び閣議を迅速に開催

4 実際の対応に当たっての問題点
① 不審船に対しては、漁業法、関税法等で対応。今後、各種の事案を想定しつつ、具体的な運用要領の充実を実施。所要の法整備の必要性の有無については、更に検討
② 停船手段、停戦後の措置についての運用研究及びマニュアルの作成
③ 海上保安庁・自衛隊の間の共同対処マニュアルの整備
④ 要員の養成及び訓練の実施など

5 適切な武器使用の在り方
不審船への対応については、警察機関としての活動であることを考慮すれば、警察官職務執行法の準用による武器の使用が基本。但し、不審船を停船させ、立入検査を行うという目的を十分達成するとの観点から、対応能力の整備や運用要領の充実に加え、危害射撃のあり方を中心に法的な整理を含め検討

6 各国との連携の在り方
① 平素からの関係国との連絡体制の整備
② 関係国への適時適切な情報の提供及び協力の要請など

7 広報等の在り方
国民の理解を得るため、迅速かつ十分な対外公表を実施

不審船対処関連事業（参考5）

平成12年度 約249億円 （契約ベース）	① ミサイル艇（PG）の整備にあたり速力等の向上 ② 不審船の武装解除・無力化を実施するための特別警備隊の新編 ③ 不審船を有効に停船させる等のための護衛艦・哨戒ヘリコプターへの機関銃の搭載等艦艇・航空機の能力強化 ④ 不審船を停船させる新たな装備品の研究等
平成13年度 約71億円 （契約ベース）	① 特別警備隊員の射撃訓練用の映像射撃シミュレーターの整備 ② 高速の不審船に対する射撃訓練用の自走式水上標的の整備 ③ ミサイル艇（PG）の整備にあたり速力等の向上 ④ 不審船に対する立入検査用器材の整備 ⑤ 不審船を停船させる新たな装備品の研究として、強制停船装置用装備品の研究等

第二　自衛艦隊司令官の海上警備行動の発令所見（秘）

● 海上警備行動等（不審船舶対処）に関する経過概要及び所見

自艦隊秘第11―81号　原義―2　20枚つづり　1年未満保存（2001・12・31まで保存）
自艦隊（作）第301号（11・4・23）別冊

自衛艦隊司令官

1　趣旨

3月23日、能登半島東方及び佐渡島西方の領水内において、海上自衛隊（以下、「海自」という。）の哨戒機が不審船舶2隻を発見した。当該2隻の船舶は、海上保安庁（以下、「海保」という。）による停船命令を無視し逃走した。

海保の巡視船は、引き続き追跡を実施したが、当該船舶は、巡視船より優速であり、追尾が困難となったため、24日00・50海自に対して初の海上警備行動（以下、「海警行動」という。）が下令された。

海自艦艇は、目標を追尾し、警告射撃等を実施したが、不審船舶はこれを無視し逃走、ADIZを通過したため、追跡を終了した。

本報告書は、自衛隊初の海警行動を実施したことに関し、その経過と問題点及び所見を報告するものである。

2 ●●●●（4行スミ塗り）
3 ●●●●（4行スミ塗り）
4 全般経過
(1) ●●●●●（6行スミ塗り）

（経過の詳細については、別紙のとおり。）

23日06・42I及び09・25I、P－3Cが2隻の不審な漁船を視認、「はるな」による識別の結果、"第1大西丸"及び"第2大和丸"の船名を確認した。

"第1大西丸"への照会の結果、「第1大西丸」は平成6年に登録を抹消され、「第2大和丸」は兵庫県沖において操業中との回答を得た。

海保の航空機が発煙筒を投下し、停船命令を実施したにもかかわらず、当該漁船2隻の動静に変化はなく、●●●●●（3行スミ塗り）

海保は、「第1大西丸」に対し、巡視船「なごつき」・「さど」が、「第2大和丸」に対しては、巡視船「ちくぜん」・「はまゆき」が追尾を継続した。19・18I及び19・20Iに、2隻の不審船が増速し、20・00Iから巡視船による威嚇射撃を実施したが●●●●●（2行スミ塗り）、当該不審船は、これを無視し、逃走を継続、巡視船は、次第に引き離されていった。

海自艦艇は、引き続き2隻の不審船を追尾したが、23・47Iから22分間、「第1大西丸」が停止した。

第Ⅱ部　自衛隊の海上警備行動

この時点で巡視船「ちくぜん」は、「みょうこう」の後方約100NM、「さど」は、「はるな」の後方約55NMまで引き離されていた。

●●●●●（5行スミ塗り）

00・50Ⅰ、海警行動が発令された。

(2) 海警行動

海警行動発令後、●●●●●（7行スミ塗り）無線機等による停船命令の後、砲による警告射撃（「はるな」12回「みょうこう」13回及びP－3Cによる爆弾投下（3回（12発）を実施したが、不審船は停止せず、03・20Ⅰ「第2大和丸」がADIZを通過、06・06Ⅰ「第1大西丸」がADIZを通過し、目標の追尾を終了した。

以後P－3Cによるレーダープロットを実施し、15・30Ⅰ、海警行動は終結された。

5 所見

(1) 全般

ア 命令等の伝達について

自衛隊が創設されてから初めての海警行動の発令であったが、自艦隊司令部と海幕、部隊間の綿密な連携・調整のもと、混乱もなく、整斉と任務を実施することができた。

特に、政府・防衛庁・海幕レベルでの意思決定が早く、かつ明確であったため、スムーズに部隊を指揮することができた。

エ ●●●●（5行スミ塗り）

ウ ●●●●（10行スミ塗り）

イ ●●●●（12行スミ塗り）

ア ●●●●（5行スミ塗り）改めて平素の実際的な訓練の重要性を再認識する次第である。

(2)
ア ●●●●（半頁スミ塗り）

イ 目標の識別について

ウ ●●●●（5行スミ塗り）このように隊員一人一人が任務遂行のためにあらゆる手を尽くしていることは、部隊の士気が如何に高いかを示すものであり、今後とも、このような状態を維持していく所存である。

工作船は、日本漁船等に偽装しており、不審船と判別するには極めて困難である。

ただし、写真及びビデオ画像については、ビデオ画質不良及びぶれが分析に影響することから、更に高画質、高性能の器材を装備する必要があると考える。

(3)
ア 兵力

●●●●（4行スミ塗り）

作戦

●●●●（5行スミ塗り）

72

第Ⅱ部　自衛隊の海上警備行動

イ　停船命令等

今回は、5インチ砲及び150kg爆弾により停船命令を行ったが、結果として、停船させられなかった。

●●●●●（10行スミ塗り）

ウ　立ち入り検査

今回は、立入検査を行うことがなかったが、今回のように単なる商船、漁船ではなく、相手が武装しているような場合の立入検査については、不用意に実施すれば多くの犠牲を出すことにつながる。

したがって、このような場合における立入検査については、特別に訓練され、特別の装備を持った部隊により実施することが必要であり、このような立入検査のための特別の部隊の設立を要望する。

エ　航空機の飛行要領等

（ア）航空機の飛行要領

今回、工作船に対して150kg爆弾を投下したことから、今後このような状況が生起すれば、工作船が監視中のP－3C等の航空機へ携帯SAMによるミサイル攻撃等の対応行動をとることも考えられる。

●●●●●（2行スミ塗り）

（イ）●●●●●（7行スミ塗り）

オ 航空自衛隊との協同

（ア）今回、航空総隊がE－2Cを派出する等、空自から積極的な支援を受けた。これは、海空が協同して作戦を実施するための大きな第１歩であり、支援に感謝する次第である。

（イ）●●●●●（6行スミ塗り）

カ 海保との協同

●●●●●（5行スミ塗り）

海保との協同については、海幕と海保間、地方総監部と管区保安本部間及び現場部隊間の3つの形態が考えられる。

●●●●●（7行スミ塗り）

いずれにせよ、今後、このような事案に対処するためには、海保との役割分担の明確化、情報交換要領の策定、秘話通信系の設定、協同訓練の実施等について早急に検討し、推進する必要がある。

キ 空城管理

●●●●●（3行スミ塗り）

現場における航空機の統制については、空自及び海保との調整を実施するほか、民間の航空機（マスコミ等）が飛行する可能性があり、これを無統制にしておくことは安全上極めて不具合である。

第Ⅱ部　自衛隊の海上警備行動

(4) ●●●●●（5行スミ塗り）

ア　装備品等保有数の確認

海警行動発動後、立ち入り検査を実施するために海自における防弾チョッキの保有状況を確認し、所要数を出動艦艇に空輸する必要性が生じた。

イ　海甲警命のあて先

ウ　●●●●（2行スミ塗り）

(5)　通信電子

ア　●●●●（9行スミ塗り）

イ　●●●●（10行スミ塗り）

ウ　●●●●（5行スミ塗り）

(ア)　●●●（1行スミ塗り）

(イ)　●●●（半頁スミ塗り）

エ　●●●（7行スミ塗り）

海保との通信

本事案中、海保巡視船と海自艦艇間の情報交換は、一般船舶用の短波周波数を使用し、平文で実施されており不審船に傍受されていた可能性があるだけでなく陸上の通信傍受施

設では、ほぼ確実に傍受されていたものと考えられる。

また、当然一般の船舶も傍受しており、保全上極めて不具合である。

今後も、各種の事態において、海保と連係した対処が予想されることから、海自艦艇と海保船艇との間に秘匿可能な通信手段（秘匿装置、略語書等）を早急に確保する必要がある。

オ　その他の通信
　（ア）●●●　**（5行スミ塗り）**
　（イ）●●●　**（7行スミ塗り）**

(6) 行警命及び部隊の措置標準

今回初めて、「部隊の措置標準」が示されたが、これは極めて画期的なことであった。

ア　●●●　**（8行スミ塗り）**
イ　●●●　**（5行スミ塗り）**
ウ　●●●　**（2行スミ塗り）**

別紙　経過概要（略）

第Ⅱ部　自衛隊の海上警備行動

第三　九州南西海域不審船事件

● 九州南西海域不審船事案における政府の対応

平成14年1月23日

内閣官房　国土交通省・海上保安庁　防衛庁

1　事案の概要

（1）主要経過

○ 12月21日14時すぎに通常の警戒監視活動のため離陸した海上自衛隊P−3C哨戒機が、16時半頃、一般の外国漁船と判断される船舶を視認。念のため17時すぎに再視認、写真撮影。22時すぎより海上幕僚監部において写真解析を開始。22日0時半頃、防衛庁としては、北朝鮮の工作船の可能性が高い不審な船舶と判断。

○ 22日1時10分頃、防衛庁から海上保安庁に不審な船舶の存在を通報。海上保安庁では、直ちに巡視船・航空機を発動して同船の追尾を開始。漁業法に基づく立入検査のため同船に停止を命ずるも、同船は無視して航走。このため威嚇射撃を実施。

○ 同日22時頃、逃走阻止のため、同船を巡視船2隻により挟み込もうとしたところ、同船より自動小銃及びロケットランチャーのようなものによる攻撃（海上保安官3名が負傷、巡視船3隻に被害）。巡視船より正当防衛のための射撃を実施。同船は爆発（爆発原因

77

は不明）して沈没。

○海上に漂流中の同船乗組員に対し、救命浮環を投下する等、巡視船乗組員の安全を確保しつつ救助に全力を尽くすも、夜間で悪天候であったこと等から、同船乗組員の発見、内2遺体を揚収。以後、海上保安庁及び海上自衛隊において捜索実施。現在まで、遺体3体を明となる。以後、海上保安庁及び海上自衛隊において捜索実施。現在まで、遺体は行方不発見、内2遺体を揚収。

（2）不審船の概要

○船舶の外観

船体　青、上部構造物　白　全長約30m、漁具なし

「長漁3705」の表示を確認

○沈没位置

奄美大島大山埼灯台から西北西約390km北緯29－12・7、東経125－25・0)

水深約90m

2　政府の対応と概要

（1）現場における不審船対処の経過

21日

14・18　海上自衛隊鹿屋基地所属のP-3C哨戒機が、通常の警戒監視活動のために鹿屋基地を離陸。以後、多数の船舶を識別。この過程で16時半頃、一般の外国漁船と

78

第Ⅱ部　自衛隊の海上警備行動

18・30	判断される船舶を視認。念のため17時すぎに再視認、写真撮影を実施
	上記P－3C哨戒機が、鹿屋基地に帰投
以後	鹿屋基地で上記P－3C哨戒機が撮影した全画像の識別を開始。この過程で、同船について、上級機関の精緻な解析を求める必要があるものと判断
20・00頃	鹿屋基地より海上幕僚監部等に同船の写真を電送開始
22・06	海上幕僚監部にて、同船の写真の出力開始。以後、海上幕僚監部の専門家が写真解析を開始
22・28	鹿屋基地所属のP－3C哨戒機が鹿屋基地を離陸
23・49	P－3C哨戒機が奄美大島北西海域において、同船の現在位置を再確認
22日	
00・30頃	防衛庁としては、北朝鮮の工作船の可能性が高い不審な船舶と判断。総理等秘書官及び内閣官房（内調）に連絡
01・05	P－3C哨戒機により、最新の位置情報を入手（以後、P－3C哨戒機により同船を追尾・監視）
01・10	防衛庁から海上保安庁に「奄美大島から約230㎞（日本EEZ内）の九州南西海域で1隻の不審な船舶が航行中」との情報を通報。海上保安庁では、直ちに巡視船艇・航空機及び特殊警備隊に発動を指示
02・05	海上保安庁に「九州南西海域不審船対策室（室長　警備救難部長）」を設置。第

79

06・20	十管区海上保安本部に「九州南西海域不審船対策室（室長　警備救難部長）」を設置
09・33	海上保安庁航空機が奄美大島から約240kmの海上で同船を確認し、追尾を開始（同航空機ほか13機が本件対応）
09・41	海上保安庁から韓国海洋警察庁に対し、同船追尾中の現在の状況を電話連絡。以後、随時連絡
11・20	海上保安庁から中国公安部辺防管理局に対し、同船追尾中の現在の状況を電話連絡。以後、随時連絡
11・32	護衛艦「こんごう」佐世保基地を出港
12・48	護衛艦「やまぎり」佐世保基地を出港
12・50	巡視船「いなさ」が現場到着（同巡視船ほか24隻が本件対応）
13・12	海上保安庁に「九州南西海域不審船対策本部（本部長　長官）」を設置。第十管区海上保安本部に「九州南西海域不審船対策本部（本部長　十管本部長）」を設置
14・22	巡視船「いなさ」及び海保航空機により繰り返し停船命令を実施。同船はこれに応じず蛇行しながら逃走を継続
14・36〜	巡視船「いなさ」が射撃警告を開始
	巡視船「いなさ」が威嚇射撃（上空、海面）を実施

80

14:47　同船乗組員がしきりに中国国旗らしいものを振る
16:13〜　巡視船「いなさ」が威嚇のための船体射撃を実施
16:58〜　巡視船「みずき」が威嚇のための船体射撃を実施
17:24　同船より出火
17:25　同船は停船
17:51　同船の火災は鎮火した模様
17:53　同船は逃走を開始。以後、停船、逃走を繰り返す
18:52　巡視船「きりしま」が同船に接舷を実施
18:54　同船は停船
21:22　同船は逃走再開
21:35〜　巡視船「みずき」が威嚇のための船体射撃を実施
21:36　同船は停船
21:37　同船は逃走再開
22:00　巡視船「あまみ」、「きりしま」が同船に対し挟撃（接舷）を開始
22:09　同船からの攻撃により、巡視船「あまみ」、「きりしま」、「いなさ」が被弾（海上保安官3名が負傷）。また、同船はロケット弾様のものを発射。巡視船「あまみ」が正当防衛のため、同船に対して射撃を実施
22:10　巡視船「いなさ」が正当防衛のため、同船に対して射撃を実施

22・13 同船沈没。以後、海上保安官の安全を確保しつつ、漂流中の同船乗組員の捜索救助を実施

23日
00・00頃 漂流中の同船乗組員が行方不明となる。以後、巡視船12隻、航空機13機の勢力により、行方不明者及び漂流物の捜索を実施
00・15頃 護衛艦「こんごう」現場到着。以後、周辺の警戒監視活動を実施
00・35頃 護衛艦「やまぎり」現場到着。以後、周辺の警戒監視活動を実施
08・30 第十管区海上保安本部に「九州南西海域不審船捜査本部（本部長　十管本部長）」を設置
08・30 鹿児島県警察に「捜査本部」を設置
08・55 まで巡視船が同船乗組員の遺体3体を発見、内2遺体を揚収。以後、行方不明者の捜索を継続
10・20 第十管区海上保安本部長から海自第1航空群指令（鹿屋）に災害派遣要請（航空機による捜索依頼）。P－3C哨戒機1機により捜索を実施
16・00頃 護衛艦2隻は、現場を離脱
以後、夜間を除き、災害派遣要請に基づき行方不明者の捜索を継続

28日
09・00～鹿児島大学において、揚収した2遺体の司法解剖を実施

第Ⅱ部　自衛隊の海上警備行動

(2) 官邸及び関係省庁のその他の対応

○官邸
・官邸危機管理センターに官邸連絡室を設置（22日04・00）
・関係省庁局長級会議を開催（22日23・19）
・安全保障会議に報告（24日09・40）

○国土交通省・海上保安庁
・沿岸海域における警戒強化実施（22日）
・「国土交通省不審船対策本部（本部長　国土交通大臣）」を設置（23日01・00）
・航空会社・空港管理者等に対し、航空保安対策の強化につき再度徹底（23日）
・（社）日本船主協会等の団体に対し、自主警備の徹底及び不審事象発見時の速報の周知・徹底を依頼。また、水産庁に対し、漁業関係者への安全確保の指導を依頼（27日）

○防衛庁
・引き続き、東シナ海を含む我が国周辺海域の警戒監視を実施

○警察庁
・鹿児島県警察等関係県警察に対し、関連情報の収集と沿岸における警戒強化を指示（22日）

○外務省
・全国の都道府県警察に対し、関連情報の収集と警戒強化を指示する通達を発出（22日）

83

・在中国の日本大使館を通じ中国外交部に対し、また、東京においても在京中国大使館に対し、不審な船舶に関する対応について説明を実施（22日）
その後も、東京、北京双方で随時状況を説明
・その他関係国（韓国、米国）に対しても、随時状況を説明

○公安調査庁
・全国の公安調査局・事務所に対し、関連情報の収集を指示（22日）

○水産庁
・全国6ヶ所の漁業調整事務所に対し不審船への当面の対応（漁業取締船関係）を周知（23日）
・漁業関係者等に対し、自主警備の徹底及び不審事象発見時の速報等安全確保のために所要の措置をとるよう依頼（27日）

3　今後の対応
(1) 海上保安庁巡視船・航空機及び海上自衛隊航空機による行方不明者及び漂流物の捜索
(2) 第十管区海上保安本部及び鹿児島県警察による事件捜査
(3) 今回の事態対処の検証（情報処理・判断、現場対処職員の安全確保、法的側面、運用上の側面、装備の側面）

第四　政府の九州南西海域不審船事件の検証

●九州南西海域不審船事案対処の検証結果について

平成14年4月　　内閣官房　海上保安庁　防衛庁　外務省

1　不審船の発見・分析
（1）自衛隊哨戒機から基地への船舶の画像の伝送
　○自衛隊哨戒機から基地への画像伝送能力を強化するため、静止画像伝送装置（航空機搭載用）及び航空地球局（基地に設置）の整備等を推進。
（2）基地から海上幕僚監部等への画像の伝送
　○基地から海上幕僚監部等への画像伝送時間短縮のためのマニュアル整備、メール用回線の高速化（措置済み）。

2　不審船情報の連絡
（1）防衛庁から海上保安庁等への不審船情報の連絡
　○対処体制を早朝に整えるため、不確実であっても早い段階から、内閣官房・防衛庁・海上保安庁間で不審船情報を適切に共有。

(2) 内閣官房から関係省庁への不審船情報の連絡
○現行の連絡体制に基づき、不審船情報をその他の関係省庁に確実に連絡。

3 停船のための対応
(1) EEZ（排他的経済水域）で発見した不審船を取り締まる法的根拠
○EEZにおける沿岸国の権利は、国際法上、漁業、鉱物資源、環境保護等に限定される。EEZで発見した不審船を取り締まる法的根拠については、国際法上の制約を踏まえ、また、外国の事例等も研究しつつ、さらに検討。
(2) EEZで発見した不審船に対する武器使用権限
○EEZで発見した不審船に対する武器使用要件の緩和については、国際法を踏まえつつ、慎重に検討。
(3) 海上保安庁巡視船艇・航空機の不審船追跡能力等
○荒天の影響を受けにくい高速大型巡視船の整備。
○能登半島沖事案後進めた高速特殊警備船の整備をさらに推進。
○特殊警備隊を活用して不審船に対処するため航空輸送能力等を強化。
(4) 海上保安庁巡視船・航空機の情報・通信・監視能力
○現場の状況を本庁・官邸等でも的確に把握するため、画像情報を含む情報通信システムの整備を推進。

86

第Ⅱ部　自衛隊の海上警備行動

○現場職員の安全確保と夜間・荒天下等における対処能力の強化のため、巡視船艇・航空機の昼夜間の監視能力を強化。

(5) 職員・隊員の安全確保
○不審船事案に対応する船舶及び航空機の防弾対策。
・巡視船艇等の防弾対策（海上保安庁）
・艦橋等へ防弾措置を講じた新型ミサイル艇の就役（防衛庁）
○遠距離からの正確な射撃を行うための武器の整備、訓練等の推進。
・巡視船搭載武器の高機能化等（海上保安庁）
・護衛艦等の射撃精度の向上、跳弾しにくい「平頭弾」の整備等（防衛庁）

(6) 自衛隊艦艇の派遣
○不審船に対しては、海上保安庁と自衛隊が連携して的確に対処。警察機関たる海上保安庁がまず第一に対処し、海上保安庁では対処することが不可能若しくは著しく困難と認められる場合には、機を失することなく海上警備行動を発令し、自衛隊が対処。
○工作船の可能性が高い不審船については、不測の事態に備え、政府の方針として、当初から自衛隊の艦艇を派遣。

4　停船後の対応
(1) 停船した不審船への対処

87

○職員・隊員の安全を確保しつつ効果的に対処するため、停船した不審船に対する戦術、装備等を改善。

5 全般

(1) 政府全体の対応方針と対応体制
○早い段階から情報を分析・評価し、政府の初動の方針を確認。
○事態の進展に応じて、政府としての対応について適切に判断。
○政府としての武装不審船に対する対応要領を策定し、不審船対処の基本、情報の集約・評価、対応体制等について定める。

(2) 関係国との連絡
○関係国との連絡の重要性に鑑み、引き続き日頃から関係国との連絡体制を維持。
○事案発生時には、関係国への適時適切な情報提供及び協力要請を実施。

(3) 広報
○事態対処官庁が対応状況について、内閣官房が政府の基本方針等について広報に当たる。

以上

第五　海自と海保の不審船共同対処マニュアル（秘）

●不審船に係る共同対処マニュアルについて

運運秘第11－90号1　19枚つづり　永久　運運第6437号　保警二（秘）第41号

平成11年12月27日

防衛庁運用局長　柳澤　協二㊞

海上保安庁次長　長光　正純㊞

添付書類　別紙

防衛庁と海上保安庁とは、不審船に係る共同対処に関し、より適切な対応を期するため、別紙のとおりマニュアルを策定する。

不審船に係る共同対処マニュアル

目　次

第1　基本的な考え方　1
第2　共通認識事項　2

第3 情報連絡体制等 ●●●●

　1 情報連絡体制 ●●● 2

第4 初動段階における共同対処 ●●● 4

　3 ●●● 3

　4 ●●● 4

第5 海上警備行動発令前における共同対処 ●●● 4

　1 標準的な共同対処 ●●● 5

　2 海上保安庁に対する海上自衛隊の協力 ●●● 6

第6 海上警備行動発令下における共同対処 7

　1 標準的な共同対処 9

　2 海上自衛隊と海上保安庁の不審船への共同対処 9

第7 海上警備行動終結後における海上保安庁の協力 12

　　　　　　　　　　　　　　　　　　　　　13

　　　　　　　　　　　　　　　　　　　14

　　　　　　　　　　　　　　　14

　　　　　　　　　　　15

　　　　　　16

90

第Ⅱ部　自衛隊の海上警備行動

第8　海上保安庁に対する海上自衛隊の協力

- 1 共同対処マニュアルの見直し等　　16
- 2 　　　　　　　　　　　　　　　　16
- ●
- ●
- ●
- ●
- ●　　　　　　　　　　　　　　　　16

第1　基本的な考え方

1　不審船への対処に当たっては、海上保安庁法、自衛隊法その他の関連法令並びに昭和35年12月26日付け「海上における警備行動又は治安出動に関する基本協定」及び平成11年1月27日付け「海上自衛隊と海上保安庁との電気通信の協力に関する基本協定」その他の協定に定めるほか、このマニュアルに基づき、迅速かつ的確に対処することとする。

2　不審船への対処は警察機関たる海上保安庁がまず第一に対処を行い、海上保安庁では対処することが不可能又は著しく困難と認められる事態に至った場合には、防衛庁は海上保安庁と情勢認識を共有した後、閣議を経て内閣総理大臣の承認を得て、迅速に海上警備行動を発令する。

3　防衛庁は、海上警備行動発令以前においては、我が国の防衛・警備上の観点から警戒監視を行うとともに、必要に応じ海上保安庁に協力する。発令後は、海上保安庁と連携、共同して不審船対処の終結については、防衛庁は、海上保安庁と情勢認識を共有した後、海上警備行動発令時における任務の達成状況等を総合的に勘案して決定する。

91

4 共同対処に当たっては、設置される官邸対策室及び関係機関と緊密に連携するものとする。

第2 共通認識事項
防衛庁と海上保安庁が共同で不審船に対処する場合の共通認識事項は次のとおりとする。
●●●●●（1頁スミ塗り）

第3 情報連絡体制
防衛庁及び海上保安庁は、以下を標準とした情報連絡体制を確立し、各レベルにおいて的確な連絡通報を行うこととする。

1 情報連絡体制
初動においては、下表に示す各部において、速やかに情報連絡体制を確立するものとする。
ただし状況の推移に応じて情報連絡先の変更もあり得る。
●●●●●（2頁スミ塗り）

第4 初動段階における共同対処
不審船に関する情報入手から捜索、発見、特定を行うまでの間における具体的な共同対処の要領は、次のとおりとする。
●●●●●（4頁スミ塗り）

92

第Ⅱ部　自衛隊の海上警備行動

第5　海上警備行動発令前における共同対処

1　標準的な共同対処

不審船が特定された場合には、海上保安庁が必要な勢力を投入し、第一に不審船へ対処する。なお、海上警備行動発令前後を通じ、海上保安庁及び海上自衛隊の間に指揮関係は設けず、共同関係とする。

● ● ● ● ●（3頁スミ塗り）

2　海上保安庁に対する海上自衛隊の協力

● ● ● ● ●（2頁スミ塗り）

第6　海上警備行動発令下における共同対処

1　海上自衛隊と海上保安庁の不審船への共同対処

● ● ● ● ●（5行スミ塗り）

2　標準的な共同対処

（1）海上警備行動が発令された場合には、海上自衛隊は海上保安庁と調整の上、現場海域における海上自衛隊の艦艇等の必要な態勢が整い次第、海上保安庁と連携、共同して停船のための措置等を実施するものとする。

● ● ● ● ●（1頁スミ塗り）

93

3 海上自衛隊に対する海上保安庁の協力

●●●●●（半頁スミ塗り）

第7 海上警備行動終結後における共同対処

●●●●●（半頁スミ塗り）

2 海上保安庁に対する海上自衛隊の協力

●●●●●（2行スミ塗り）

第8 共同対処マニュアルの見直し等

●●●●●（3行スミ塗り）

　防衛庁及び海上保安庁は、定期的に組織、装備、運用等に関する相互研修、情報交換及び不審船対処に係る共同訓練（通信訓練、机上訓練、実動訓練等）を実施し、これらの反省を踏まえ、随時共同対処マニュアルの見直しを行う。

第六　不審船に係る共同対処マニュアルの一部改正（秘）

● 不審船に係る共同対処マニュアルの一部改正について

運運秘第●●号●　1枚つづり　●●●●●

平成13年11月2日

　　　　　　　　　　　　　　　運運第8446号　保警警（秘）第32号

　　　　　防衛庁運用局長　北　原　厳男㊞

　　　　　海上保安庁次長　須之内　康幸㊞

　防衛庁と海上保安庁は、海上保安庁法第20条第2項の新設及び同規定の準用に係る自衛隊法の一部改正等を踏まえ、不審船に係る共同対処マニュアル（運運第6437号、保警二（秘）第41号。平成11年12月27日）の一部を下記のとおり改正する。

記

　不審船に係る共同対処マニュアル中●●●●を●●●●に改め、●●●●を●●●●に改め、●●●●
第5の1●●中●●●●を●●●●に改め、●●●●の次に●●●●●●（4行スミ塗り）
●●を加
第6の2●●中●●●●●●を●●●●●●（4行スミ塗り）に改める。
●●●●
える。
●●●●

第七　海上自衛隊の特別警備隊（特殊部隊）の新編

● 特別警備隊の編制に関する訓令

海上自衛隊訓令第14号

自衛隊法施行令（昭和29年政令第179号）第32条の規定に基づき、特別警備隊の編制に関する訓令を次のように定める。

平成13年3月26日

防衛庁長官　斉藤　斗志二

（任務）

第1条　特別警備隊は、次の各号に掲げる業務を行うことを任務とする。

(1) 自衛隊法（昭和29年法律第165号）第93条第2項において準用する海上保安庁法（昭和23年法律第28号）第17条第1項の規定による立入検査に関すること（対象船舶が容易に停止しないこと又は対象船舶にいる者が武装していると予想されることにより、当該業務の遂行に特に困難又は危険が伴うものに限る。）。

(2) 前号に掲げる業務を行う隊員の教育訓練に関すること。

(3) その他長官の命じた事項に関すること。

（編制）

第2条　特別警備隊は、特別警備隊本部（以下「本部」という。）及び小隊3をもって編制する。
（隊長及び副長）
第3条　特別警備隊の長は、特別警備隊長（以下「隊長」という。）とする。
2　隊長は、2等海佐をもって充てる。
3　隊長は、自衛艦隊司令官の指揮監督を受け、特別警備隊の隊務を総括する。
4　特別警備隊に、副長1人を置く。
5　副長は、隊長を助け、事務を整理し、隊長に事故があるとき、又は隊長が欠けたときは、隊長の職務を行う。
（本部）
第4条　本部においては、隊長の行う特別警備隊の隊務の統括に必要な事務をつかさどる。
（小隊）
第5条　小隊の長は、小隊長とする。
2　小隊長は、隊長の命を受け、小隊の隊務を統括する。
（委任規定）
第6条　この訓令に定めるもののほか、特別警備隊の内部組織に関し必要な事項は、海上幕僚長が定める。
　　　附則
　　　この訓令は、平成13年3月27日から施行する。
　　　附則（平成14年3月29日海上自衛隊訓令第43号）この訓令は、平成14年4月1日から施行する。

第八　海上自衛隊の特別警備隊の内部組織に関する達（注意）

●特別警備隊の内部組織に関する達（注意）

特別警備隊達第1号

特別警備隊の内部組織に関する達を次のように定める。

平成13年3月27日

特別警備隊長　1等海佐　山口　透

（趣旨）
第1条　この規則は、特別警備隊の内部組織に関し、必要な事項を定めるものとする。

（本部）
第2条　本部に総務班、運用班及び医務班をおく。

（班長）
第3条　班の長を班長とする。
2　班長は、隊長の命を受け、班務を掌理する。

（所掌業務）
第4条　総務班、運用班及び医務班は、別表に示す業務をつかさどる。

附則
この達は、平成13年3月27日から施行する。

附則（特別警備隊の改編等に伴う特別警備隊達の整理に関する達）この達は、平成14年4月1日から施行する。

別表（第4条関連）略

分類番号K－K2－K20　保存期間30年　保存期間満了時期43・12・31

第九　海上における警備行動に関する内訓（秘）

● 海上における警備行動に関する内訓（秘）

　　　　　　　　　　　　　　　　　　　　　　　防衛庁内訓第3号
　　　　　　　　　　　　　　　　　　　　　　　改正　平成8年7月20日　庁内訓第4号

自衛隊法（昭和29年法律第165号）第82条及び第93条の規定を実施するため、海上における警備行動に関する内訓を次のように定める。

昭和57年8月11日

　　　　　　　　　　　　　　　　　　防衛庁長官　伊藤宗一郎

目次

第1章　総則（第1条―第5条）
第2章　待機命令及び行動命令（第6条―第10条）
第3章　立入検査等（第11条―第23条）
第4章　武器の使用（第24条―第27条）
第5章　特則（第28条―第31条）
第6章　撤収（第32条―第34条）

第Ⅱ部 自衛隊の海上警備行動

第7章 雑則（第35条―第37条）

附則

第1章 総則

（目的）

第1条 この内訓は、自衛隊法第82条に規定する海上警備行動時の権限に関し必要な事項を定め、もってその適正な実施を図ることを目的とする。

（定義）

第2条 この内訓において、次の各号に掲げる用語の意義は、当該各号に定めるところによる。

(1) 艦艇 海上警備行動を命ぜられた部隊に属する船舶で海上自衛隊の使用する船舶の区分等及び名称等を付与する標準を定める訓令（昭和35年海上自衛隊訓令第30号）別表第1に掲げる自衛艦をいう。

(2) 立入検査 船舶の同一性、船籍港、船長の氏名、直前の出発港又は出発地、目的地、積荷の性質又は積荷の有無その他船舶、積荷及び航海に関し重要と認める事項を確かめるため船舶の進行を停止させ、立ち入って検査することをいう。

(3) 武器の使用 武器をその本来の目的に従って用いることをいい、威嚇射撃をすること、又は威嚇のため武器を相手方に向けて構えることを含む。

（指揮系統の特例等）

第3条　海上警備行動に関する指揮系統の特例及び海上警備行動に伴う後方業務については、必要に応じ、防衛庁長官（以下「長官」という。）が別に命じる。

（権限濫用の防止）

第4条　海上警備行動を命ぜられた自衛官（以下「自衛官」という。）は、その権限の行使に当たっては、海上における人命若しくは財産の保護又は治安の維持のため必要な最小限度においてこれを行うとともに、国際の法規及び慣例又は我が国の法令を厳守し、いやしくも、国際紛争を生じさせ、個人の権利及び自由を不当に侵害するなどその権限を濫用することがあってはならない。

2　自衛隊法第93条第2項に規定する海上警備行動時の権限は、犯罪捜査のために認められたものと解釈してはならない。

（関係機関との連絡）

第5条　海上警備行動を命ぜられた部隊の長（以下「部隊指揮官」という。）は、海上警備行動の実施に当たっては、海上保安庁その他の関係機関と緊密な連絡を保たなければならない。

第2章　待機命令及び行動命令

（緊急事態発生の報告）

第6条　部隊の長は、我が国の船舶に対する不法行為に関する情報その他の海上における人命若

102

第Ⅱ部　自衛隊の海上警備行動

しくは財産の保護又は治安の維持に関し必要な情報を得た場合には、自衛艦隊司令官及び当該事態の発生した場所を警備区域とする地方総監に対し、直ちに当該情報を報告し、又は通報しなければならない。

2　自衛艦隊司令官及び地方総監は、前項の事態に関する情報を得た場合には、海上警備行動の要否に関する意見を添えて、順序を経て直ちに判明した状況を長官に報告しなければならない。

3　地方総監は、第1項の事態に関する情報を得た場合には、当該事態の発生した場所を管轄する管区海上保安本部長と連絡をとるものとする。

（待機命令）

第7条　長官は、海上警備行動を命ずることが予測される場合において、必要があると認めるときは、長官直轄部隊の長に対して部隊の待機を命ずるものとする。

2　前項の規定による待機命令には、事態の状況、待機の目的、待機を実施する部隊の規模、待機を実施する場所その他の部隊の待機を実施するために必要な事項を示すものとする。

3　第1項の規定により待機を命ぜられた長官直轄部隊の長は、部隊の待機を実施するに当たっては、部外に悪影響を及ぼさないように注意しなければならない。

（待機状況の報告）

第8条　長官直轄部隊の長は、前条第1項の規定による待機命令を受けて部隊を待機させた場合には、順序を経て速やかに部隊の待機状況を長官に報告しなければならない。

（海上警備行動命令）

第9条　長官は、海上警備行動を命ずる場合には、長官直轄部隊の長に対し、事態の状況、海上警備行動の目的、海上警備行動を実施する部隊の規模、海上警備行動を実施するために必要な事項を示すものとする。

（行動報告）

第10条　長官直轄部隊の長は、長官の海上警備行動命令（以下「海上警備行動命令」という。）により部隊を行動させた場合には、時宜に応じ、順序を経て事態の推移及び部隊の活動状況を長官に報告しなければならない。

2　前項に規定する場合において、海上警備行動命令に示された部隊の規模をもっては任務を達成することができないと認められるとき、又は行動区域以外の区域に事態が波及し若しくは波及するおそれがあると認められるときは、順序を経て直ちにその状況を長官に報告しなければならない。

第3章　立入検査等

（立入検査の対象等）

第11条　●●●●●**（半頁スミ塗り）**

2　艦艇の長は、立入検査をするため航行中の船舶に対して停船を要請する場合には、汽笛又はサイレンを吹鳴して注意を喚起した上、手旗信号、国際旗りゆう信号、発光信号、拡声機その他

第Ⅱ部　自衛隊の海上警備行動

の強制手段に至らない手段により行うものとする。

3　艦艇の長は、船舶の外観、航海の態様、乗組員、旅客その他船内にある者の異常な挙動等周囲の事情から合理的に判断して、海上における犯罪が行われるおそれがあると認められる場合において、前項に規定する方法により停船を求めたにもかかわらず、正当な理由なく停船しない船舶に対し、他に適当な手段がないと認められる場合には、停船させるために必要な強制措置を講ずることができる。

（立入検査指揮官の指定等）

第12条　艦艇の長は、立入検査を命ずる場合には、立入検査の目的、任務の区分、立入検査の重点その他の立入検査を適正に実施するために必要な事項について指示しなければならない。

（武器の携帯）

第13条　艦艇の長は、立入検査を命ずる場合において、生命又は身体に対する危険の防止のため必要があると認めるときは、立入検査を行う自衛官に武器を携帯させるとともに、指揮下の他の自衛官に武器を携帯させて船舶に立ち入らせることができる。

（身分証明書の携帯等）

第14条　自衛官は、船舶に立ち入る場合には、その身分を示す証明書を携帯し、相手方から求められたときは、相手方にこれを提示しなければならない。

（告知）

第15条　立入検査指揮官は、立入検査を行う場合には、船長または船長に代わって船舶を指揮する者（船長または船長に代わって船舶を指揮する者が在船していない場合においてはその他の乗組員。以下「船長等」という。）に対し、その理由を告げなければならない。ただし、船長等が在船していない船舶に対し緊急に立入検査を行う必要があると認められる場合には、この限りではない。

（船長等の立会い）
第16条　立入検査指揮官は、立入検査に当たっては、船長等を立ち会わせるように努めなければならない。
2　前項の場合において、船長等が立入検査に対する立会いを拒否するときは、船舶の所有者、旅客その他適当な第三者を立ち会わせるように努めなければならない。

（書類提出命令等）
第17条　立入検査指揮官は、命ぜられた海上警備行動のための任務を実施するため必要があると認めるときは、法令により船舶に備え置くべき書類の提出を命ずることができる。
2　立入検査指揮官は、前項の規定により書類の提出を命じた場合には、速やかに当該書類を調査し、必要と認めるときは当該書類の写しを取って、船長等に返還しなければならない。

●●●●●（6行スミ塗り）

（立入検査の記録等）
第18条　立入検査指揮官は、立入検査を行った場合には、速やかに立入検査記録を作成し、艦艇

（停船等の措置）

第19条　艦艇の長は、海上における犯罪が正に行われようとするのを認めた場合又は天災事変、海難、工作物の損壊、危険物の爆発等危険な事態がある場合であって、人の生命若しくは身体に危険が及び、又は財産に重大な損害が及ぶおそれがあり、かつ、急を要するときは、命ぜられた海上警備行動のための任務を実施するために必要な範囲内で、次に掲げる措置に関する命令を発することができる。

(1) 船舶の進行を開始させ、停止させ、又はその出発を差し止めること。

(2) 航路を変更させ、または船舶を指定する場所に移動させること。

(3) 乗組員、旅客その他船内にある者を下船させ、又はその下船を制限し、若しくは禁止すること。

(4) 積荷を陸揚げさせ、又はその陸揚げを制限し、若しくは禁止すること。

(5) 他船又は陸地との交通を制限し、又は禁止すること。

(6) 前各号に掲げる措置のほか、海上における人の生命若しくは身体に対する危険又は財産に対する重大な損害を及ぼすおそれがある行為を制止すること。

2　艦艇の長は、船舶の外観、航海の態様、乗組員、旅客その他船内にある者の異常な挙動その他周囲の事情から合理的に判断して、海上における犯罪が行われることが明らかであると認められる場合その他海上における公共の秩序が著しく乱されるおそれがあると認められる場合であっ

て、他に適当な手段がないと認められるときは、前項第1号又は第2号に掲げる措置に関する命令を発することができる。

3　艦艇の長は、前2項の規定に基づく措置（以下「停船等の措置」という。）に関する命令を発する場合には、気象、海象、航路等の状況と当該処分の緊急度とを十分に勘案しなければならない。

4　艦艇の長は、停船等の措置に関する命令を発するときを除き、船長等に対しその理由を告げなければならない。

5　艦艇の長は、事態の状況から真にやむを得ない場合には、正当な理由なく停船等の措置に関する命令に服しない船舶に対し、必要な最小限度の強制措置を講ずることができる。

6　艦艇の長は、停船等の措置を講じた場合において、海上保安官に当該措置を引き継ぐことが適当と認められるときは、速やかに海上保安官に当該措置を引き継ぐものとする。

（機長による停船措置）

第20条　前条第1項から第3項まで及び第5項の規定は、海上警備行動を命ぜられた海上自衛隊の機長（以下「機長」という。）が講ずる停船措置について準用する。

2　機長は、停船措置を講じた場合には、直ちに最寄りの艦艇の長にその旨を通報するとともに、艦艇の長又は海上保安官に当該措置を引き継ぐものとする。

（措置の解除）

108

第Ⅱ部　自衛隊の海上警備行動

第21条　艦艇の長又は機長は、停船等の措置を講じた場合において、人命若しくは財産の保護又は治安の維持のため当該措置を行う必要がなくなったときは、直ちに当該措置を解除しなければならない。

（措置記録）
第22条　艦艇の長又は機長は、停船等の措置を講じた場合には、措置記録を作成しなければならない。

（現行犯人の引渡し）
第23条　部隊指揮官は、指揮下の自衛官が現行犯人を逮捕した場合には、順序を経て直ちにその旨を長官直轄部隊の長に報告するとともに、直ちにこれを地方検察庁若しくは区検察庁の検察官又は司法警察職員に引き渡させなければならない。

第4章　武器の使用

（武器を使用することができる場合）
第24条　自衛官は、海上警備行動の実施に際し、自己若しくは他人に対する防護又は職務執行に対する抵抗の抑止のため必要であると認める相当な理由のある場合においては、その事態に応じ合理的に必要と判断される限度において、武器を使用することができる。ただし、刑法（明治40年法律第45号）第36条（正当防衛）又は第37条（緊急避難）に該当する場合を除いては、相手方に危害を与えてはならない。

（武器の使用の命令）
第 25 条　前条の規定による武器の使用は、部隊指揮官の命令によらなければならない。ただし、刑法第 36 条（正当防衛）又は第 37 条（緊急避難）に該当する場合には、この限りではない。

●●●●●（半頁スミ塗り）
第 26 条　●●●●●（7 行スミ塗り）
（第三者に対する危害防止上の注意）
第 27 条　自衛官は、武器を使用するに当たっては、相手方以外の者に危害を及ぼし、又は損害を与えないよう注意しなければならない。

第 5 章　特則
（外国軍艦等に対する退去要求等）
第 28 条　艦艇の長又は機長は、命ぜられた海上警備行動のための任務を実施するため必要がある場合には、我が国の領水において次に掲げる行為を行う外国軍艦又は外国政府が所有し若しくは運航する船舶で当該政府の非商業目的役務にのみ使用されるもの（以下「外国軍艦等」という。）に対し、当該行為の中止を要求するものとする。

（１）停船すること（航行に通常付随するものである場合、不可抗力若しくは遭難により必要とされる場合又は危険若しくは遭難に陥った人、船舶若しくは航空機に援助を与えるために必要とされる場合を除く。）。

110

(2) 正当な理由なくはいかいすること。
(3) 我が国の平和、秩序又は安全を害すること。
(4) 潜水船その他の水中航行機器については、潜水航行すること又はその旗を揚げずに海面上を航行すること。

2 艦艇の長又は機長は、外国軍艦等が前項の中止の要求に応じない場合には、我が国の領水から退去するよう要求するものとする。

（外国船舶に対する立入検査等の制限）
第29条 艦艇の長は、外国軍艦等又は国際法の規則がない場合における領海外の外国船舶（外国軍艦等を除く。以下同じ。）に対して、立入検査をし、第17条第1項の規定により書類の提出を命じ、又は停船等の措置を講じてはならない。

2 機長は、外国軍艦等又は国際法の規則がない場合における領海外の外国船舶に対して、停船措置を講じてはならない。

（接続水域等における立ち入り検査）
第30条 艦艇の長は、接続水域において、我が国の領域内における通関、財政、出入国管理又は衛生に関する法令に係る犯罪を防止するため、外国船舶に対して立ち入り検査をすることができる。

2 艦艇の長は、排他的経済水域及び大陸棚に係る犯罪を防止するため、外国船舶に対し立入検査をすることができる、当該水域に適用される法令に係る犯罪を防止するため、外国船舶に対し立入検査をすることができる。

（関係国への通報）
第31条　艦艇の長は、立入検査等の対象船舶であって、その検査等の結果、当該船舶の旗国又は第三国（以下「関係国」という。）に通報する必要があると認められる場合には、直ちに自衛艦隊司令官及び当該事態の発生した場所を警備区域とする地方総監に報告しなければならない。

2　前項の報告を受けた地方総監は、関係国への通報が必要であると判断した場合には、順序を経て直ちに長官に報告するものとする。

第6章　撤収
（事態収拾報告）
第32条　海上警備行動を命ぜられた長官直轄部隊の長は、事態が収まり、又は海上保安庁による事態の処理が可能となったと認められる場合には、順序を経て速やかにその状況を長官に報告しなければならない。

（撤収命令）
第33条　長官は、事態が収まり、又は海上保安庁による事態の処理が可能となったと認められる場合には、海上警備行動を命じた長官直轄部隊の長に対し、部隊の撤収を命ずる。

（行動詳報）
第34条　長官直轄部隊の長は、前条の規定による命令により部隊を撤収させた場合には、順序を

第Ⅱ部　自衛隊の海上警備行動

経て速やかに部隊の活動状況、相手方、第三者及び自衛官の負傷等の状況その他の海上警備行動の実施の状況の詳報を長官に提出しなければならない。

第7章　雑則
（部隊等の協力）
第35条　海上警備行動又はその待機を実施する部隊の長は、他の部隊等（自衛隊の部隊又は機関をいう。以下同じ。）の長に対し、装備品及び需品の貸与、医療施設その他の施設の利用、輸送その他の海上警備行動又は待機の実施に関し必要な事項について協力を求めることができる。
2　前項の規定により協力を求められた部隊等の長は、積極的に協力しなければならない。

（幕僚長間の連絡等）
第36条　陸上幕僚長、海上幕僚長又は航空幕僚長（以下「幕僚長」という。）は、必要に応じ相互に連絡を取るとともに、統合幕僚会議議長に対して必要と認められる事項を通報するものとする。

（委任）
第37条　この内訓の実施に関し必要な事項は、幕僚長が定める。ただし、第4章又は第5章の規定に関し必要な事項を定める場合には、あらかじめ長官の承認を得なければならない。
2　幕僚長は、前項の規定により必要な事項を定めた場合には、速やかにこれを長官に報告しなければならない。

113

附則

この内訓は、昭和57年11月1日から施行する。

第一〇　海上における警備行動に関する内訓の一部改正（秘）

防衛庁内訓第17号

海上における警備行動に関する内訓の一部を改正する内訓

自衛隊法（昭和29年法律第165号）第82条及び第93条の規定を実施するため、海上における警備行動に関する内訓の一部を次のように定める。

平成13年11月2日

防衛庁長官　中谷　元

運企秘第●号　原議　5枚つづり　●●●●●　官文保●●第●●●号

海上における警備行動に関する内訓（昭和57年防衛庁内訓第3号）の一部を次のように改正する。

●●●●●（3行スミ塗り）

第19条中「乗組員、旅客その他船内にある者」を「乗組員等」に改める。

114

第24条の次に次の1条を加える。

第24条の2　長官は、艦艇の長、特別警備隊長官又は機長が船舶の進行の停止を繰り返し命じても乗組員等がこれに応ぜずなおその職務の執行に対して抵抗し、又は逃亡しようとする場合において、当該船舶の外観、航海の態様、乗組員等の異常な挙動その他周囲の事情及びこれらに関連する情報から合理的に判断して次の各号のすべてに該当する事態であると認めたときは、当該指揮系統（第3条の規定により指揮系統の特例を命じられた場合には、当該指揮系統）に従い、部隊指揮官に対し、第3項に規定する武器の使用を指揮下の自衛隊に命ずることを許可するものとする。

●●●●●（5行スミ塗り）

（1）当該船舶が、外国船舶（軍艦及び各国政府が所有し又は運航する船舶であって非商業的目的のみに使用されるもの（以下「外国軍艦等」という。）を除く。以下同じ。）と思料される船舶であって、かつ、海洋法に関する国際連合条約第19条に定めるところによる無害通航でない航行を我が国の内水又は領海において現に行っていると認められること（当該航行に正当な理由がある場合を除く。）。

（2）当該航行を放置すればこれが将来において繰り返し行われる蓋然性があると認められること。

（3）当該航行が我が国の領域内において死刑又は無期若しくは長期3年以上の懲役若しくは禁錮に当たる凶悪な罪（以下「重大凶悪犯罪」という。）を犯すのに必要な準備のため行われているのではないかとの疑いを払拭することができないと認められること。

(4) 当該船舶の進行を停止させて立入検査をすることにより知り得べき情報に基づいて適確な措置を尽くすのでなければ将来における重大凶悪犯罪の発生を未然に防止することができないと認められること。

2 部隊の長は前項の長官の事態認定の判断に資するため、当該船舶の外観、航海の態様、乗組員等の異常な挙動その他周囲の事情について、順序を経て長官に報告しなければならない。

3 前条の規定により武器を使用する場合のほか、第1項に規定する長官の許可があった場合には、海上自衛隊の当該自衛官は、当該船舶の進行を停止させるために他に手段がないと信ずるに足りる相当な理由があるときは、その事態に応じ合理的に必要と判断される限度において、武器を使用することができる。

4 前項の規定による武器の使用は、相手方に危害を与えることを目的とするものであってはならないものでなければならず、当該船舶を停船させて適確な立入検査を実施する目的で行うものでなければならない。

第25条第1項中「前条」を「前2条」に改める。

第28条第1項中「外国軍艦又は外国政府が所有し若しくは運航する船舶で当該政府の非商業目的役務にのみ使用されるもの(以下「外国軍艦等」という。)」を「外国軍艦等」に改める。

第29条第1項中「外国船舶(外国軍艦等を除く。以下同じ。)」を「外国船舶」に改める。

附則

この内訓は、平成13年11月2日から施行する。

116

第一一 海上における警備行動に関する内訓の一部改正（秘）

●海上における警備行動に関する内訓の一部を改正する内訓

運企秘第13—43号　原議　5枚つづり　平成43年3月31日をもって破棄　官文保13第54号

防衛庁内訓第8号

自衛隊法（昭和29年法律第165号）第82条及び第93条の規定を実施するため、海上における警備行動に関する内訓の一部を次のように定める。

平成13年3月26日

防衛庁長官　斉藤　斗志二

海上における警備行動に関する内訓（昭和57年防衛庁内訓第3号）の一部を次のように改正する。

第11条から第13条までの規定、第18条及び第19条中「艦艇の長」の次に「、特別警備隊長」を加え、第21条、第22条及び第28条中「艦艇の長」の次に「又は特別警備隊長」を加える。

附則

この内訓は、平成13年3月27日から施行する。

第一二 海上警備行動に関する内訓運用の事務次官通達（秘）

●海上における警備行動に関する内訓の運用について（通達）

防防運1第4076号 57・8・11 改正 防防運第3819号
8・7・20

陸上幕僚長 海上幕僚長 航空幕僚長 統合幕僚会議議長 殿

事務次官

海上における警備行動に関する内訓（昭和57年防衛庁内訓第3号）の運用に当たっては、下記によって、その適正を期されたい。

記

第1 解釈及び運用上の留意事項

2 第3条関係

●●●●（半頁スミ塗り）

自衛隊法（昭和29年法律第165号）第82条に規定する海上における警備行動（以下「海上警備行動」という。）に伴う後方業務に関する命令は、防衛庁における文書の形式に関する訓令（昭和38年防衛庁訓令第38号）第8条第1項の規定により行動命令と呼称されるが、例えば、陸上における弾薬輸送のような後方業務のみを命ぜられた部隊に属する自衛官には自衛隊法第93条の権

第Ⅱ部　自衛隊の海上警備動

3　第6条関係

（1）この条第1項の事態は、我が国の領水、接続水域、排他的経済水域又は大陸棚に係る水域で発生したものだけでなく公海上で発生したものを含む。

（2）この条第1項の「人命若しくは財産」とは、その事態の発生した場所が公海上である場合においては、条約に他の規定があるときを除き、国民の生命若しくは身体又は我が国の財産をいう。

●●●●（一頁スミ塗り）

4　第7条関係

この条に定める待機命令は法に直接の規定を有するものではなく自衛隊の内部のみにおいてこれを行うものであることから、部外に対する何らかの権限の行使を認めるものではない。したがって、例えば、港において自衛艦が待機するような場合には、民間船舶の航行に障害が与えない（ママ）よう十分に注意しなければならない。

5　第9条関係

海上警備行動を命ぜられた部隊には、その命令の範囲で海上における人命若しくは財産の保護又は治安の維持の任務が生じ、その部隊に属する3等海曹以上の自衛官には立入検査、書類提出命令、停船等の措置及び第24条に規定する武器使用の権限が発生し、海上警備行動を命ぜられた部隊に属するその他の自衛官には第24条の「自己若しくは他人に対する防護」のための武器使用

の権限が発生することとなる。

6　第10条関係

次の各号に掲げる場合には、その状況について直ちに防衛庁長官（以下「長官」という。）に報告しなければならない。

（1）外国船舶に対して立入検査をした場合
（2）停船等の措置をした場合
（3）現行犯人を逮捕した場合
（4）武器使用を行う場合又は行った場合
（5）第28条第１項に掲げる行為を行っている外国軍艦等（外国軍艦又は外国政府が所有し若しくは運航する船舶で当該政府の非商業目的役務にのみ使用されるものをいう。以下同じ。）を発見した場合
（6）第28条の規定による措置を実施した場合●●●●●●●

8　第12条関係

●●●●●（3頁スミ塗り）

（1）立入検査指揮官は、原則として３等海尉以上の自衛官とする。
（2）立入検査指揮官の指定は、あらかじめ、これを行うことを原則とする。

13　第19条関係

●●●●●（4頁スミ塗り）

120

(1) 第1項の用語の意義は次のとおりである。

ア 「海上における犯罪が正に行われようとする」

ここでいう「犯罪」とは、犯罪構成要件該当性及び違法性をもって足り、有責性の有無を問わない。また、「正に行われようとする」とは、犯罪発生の危険性が切迫している状態をいう。

イ 「危険な事態がある場合」

犯罪行為以外の自然的・人為的な要因による危険な事態が客観的に発生している、又はその事態に及ぶ可能性が高い状態にあることをいう。

ウ 「急を要するとき」

事態が切迫しており、人の生命や身体に対する危険又は財産に対する重大な損害を防止するために他の手段を選択するほどの余裕のない緊急的な状態をいう。

(2) 第2項の用語の意義は次のとおりである。

ア 「海上における犯罪が行われることが明らかである」

社会通念上、周囲の事情から合理的に判断して、犯罪が発生することが確実な場合をいう。なお、「犯罪」の意義については、前号アのとおりである。

イ 「海上における公共の秩序が著しく乱されるおそれ」

船舶による無秩序な活動をそのまま放置したならば、他の船舶や陸上に波及して大きな社会不安が発生し、国民の社会生活又は経済活動が大いに阻害されるような場合をいう。

ウ 「他に適当な手段がないとき」
　目前の障害を排除するため、警告による是正措置によっては、対応することが困難な場合をいう。

17　第28条関係

●●●●●（4頁スミ塗り）

（1）国連海洋法条約第18条に定める通航以外の行為を行っている外国軍艦、第19条に規定する無害通航以外の行為を行っている外国軍艦又は第20条の規定に従っていない外国軍艦に対しては、退去要求をすることができるものと解する。

（2）第1項の「領水」とは、内水及び領海をいう。

（3）この条の「軍艦」とは、国連海洋法条約第29条の「軍艦」をいい、一の国の軍隊に属する船舶であって、当該国の国籍を有するそのような船舶であることを示す外部標識を掲げ、当該国の政府によって正式に任命されてその氏名が軍務に従事する者の適当な名簿又はこれに相当するものに記載されている士官の指揮の下にあり、かつ、正規の軍隊の規律に服する乗組員が配置されているものをいう。軍艦であるか否かは、外形及び軍艦旗等により判断し、明らかでない場合は、相手方に質問し、又は関係機関に問い合わせるものとする。

18　第29条関係

●●●●●（2頁スミ塗り）

（1）外国軍艦等であることが明らかでない船舶に対しては、それが明らかになるまで立入検査

122

第Ⅱ部　自衛隊の海上警備行動

等をすることができる。

なお、外国軍艦であるか否かが明らかでない船舶は、外国政府が所有し、又は運航する船舶であることも考えられるので、対応には注意しなければならない。

(2) 外国軍艦等であっても、これらの艦長又は船長が調査をすることについて同意をした場合には、調査をすることができる。この場合においては、長官の命令を受けて調査を行うものとする。

(3) この条の「国際法」とは例えば、国連海洋法条約及び公海条約である。

(4) 国際法の規則がない場合における公海上の国籍不明の船舶に対しては、日本船舶でないことが明らかになるまで立入検査等をすることができる。

●●●●● (半頁スミ塗り) 合であって、接続水域から退去を要請した場合

●●●● 20　その他

(1) 国連海洋法条約第111条に定める追跡を開始するに当たっては、以下の点を十分確認すること。

ア　領水からの追跡については、法令違反行為が領域内で行われたこと。

イ　接続水域からの追跡については、通関上、財政上、出入国管理上又は衛生上の法令違反が領域内で行われたこと。

ウ　排他的経済水域からの追跡については、当該水域に適用される我が国の法令違反が当該水域で行われたこと。

123

エ 大陸棚に係る水域からの追跡については、当該水域に適用される我が国の法令違反が当該水域で行われたこと。

(2) 追跡は、その継続性が確保されている限りにおいてこれを行うことができるが、被追跡船がその旗国又は第3国の領海に入ると同時に追跡権は消滅する。

(3) 領水から領水外又は接続水域、排他的経済水域若しくは大陸棚に係る水域から公海上に追跡を続けるに当たっては、海上自衛隊の指揮系統上の長官直轄部隊の長の承認を得るものとし、他国の領海への接近については十分慎重でなければならない。

●●●●●（半頁スミ塗り）

第Ⅱ部　自衛隊の海上警備行動

第一三　海上警備行動の内訓運用の一部改正についての通達（秘）

●海上における警備行動に関する内訓の運用についての一部改正について（通達）

運企秘第●●号原議　15枚つづり　●●●●　官文保●第●●●号　防運企第8448号

13・11・2

陸上幕僚長　海上幕僚長　航空幕僚長　統合幕僚会議議長あて　事務次官

海上における警備行動に関する内訓の運用について（防防運1第4076号（57・8・11））の一部を次のように改正する。

記第1第3項第5号を第6号とし、第4号の次に次の1号を加える。

●●●●●（4行スミ塗り）

記第1第5項を次のように改める。

5　第9条関係

海上警備行動を命ぜられた部隊には、その命令の範囲で海上における人命若しくは財産の保護又は治安の維持の任務が生じ、その部隊に属する海上自衛隊の3等海曹以上の自衛官には立入検査、書類提出命令、停船等の措置並びに第24条及び第24条の2に規定する武器の使用の権限が、海上警備行動を命ぜられた部隊に属するその他の海上自衛隊の自衛官には第24条の「自己若しく

は他人に対する防護」のための武器の使用の権限及び第24条の2に規定する武器の使用の権限が、海上警備行動を命ぜられた海上自衛隊以外の自衛隊の自衛官には第24条の「自己若しくは他人に対する防護」のための武器の使用の権限が発生することとなる。

記第1第6項第5号中「外国軍艦又は外国政府が所有し若しくは運航する船舶で当該政府の非商業目的役務にのみ使用されるものをいう」を「軍艦及び各国政府が所有し又は運航する船舶であって非商業目的のみに使用されるものをいう」に改める。

16の2　第24条の2関係

同項の次に次の1項を加える。

（1）この条に定める武器の使用は、「相手方に危害を与えてはならない」と規定しないことにより、武器の使用によって人を殺傷した場合であっても、その自衛官の行為は、刑法第35条の法令又は正当な業務による行為として違法性が阻却されるとするものである。しかし、当該武器の使用が、この条第3項及び第4項の要件を満たさない場合には、違法性が阻却されない。

（2）この条第2項に定める報告に当たっては、別紙「海上における警備行動に関する内訓第24条の2第1項各号に掲げる要件の考え方等」を踏まえ、長官の事態認定の判断に資するよう努めなければならない。

（3）●●●●●（半頁スミ塗り）

●●●●●（半頁スミ塗り）

（4）この条の「軍艦」とは、国連海洋法条約第29条の「軍艦」をいい、1の国の軍隊に属する船舶であって、当該国の国籍を有するそのような船舶であることを示す外部標識を掲げ、当該国の政府によって正式に任命されてその氏名が軍務に従事する者の適当な名簿又はこれに相当するものに記載されている士官の指揮の下にあり、かつ、正規の軍隊の紀律に服する乗組員が配置されているものをいう。軍艦であるか否かは、外形及び軍艦旗等により判断し、明らかでない場合は、相手方に質問し、又は関係機関に問い合わせるものとする。

記第1第17項第3号を削り、第4号を第3号とする。

記第1第20項第1号中「確認すること」を「確認しなければならない」に改め、同号エの次に次の1号を加える。

オ　海上警備行動を命ぜられた部隊が海上保安庁から追跡を引き継ぐ場合には、海上保安庁による当該追跡が、アにおいては相手方船舶が領水内にある時に、イにおいては接続水域内にある時に、ウにおいては排他的経済水域内にある時に、エにおいては大陸棚に係る水域内に開始され、かつ、中断されていないこと。

記第2の次に次の別紙を加える。

別紙　海上における警備行動に関する内訓第24条の2第1項各号要件の考え方等

1　海上における警備行動に関する内訓第24条の2第1項各号要件の考え方

各号の要件は、我が国の内水又は領海で無害通航でない航行が現に行われ、また、このような航行が将来において繰り返されるおそれがある状況にあって、重大凶悪犯罪の発

生が懸念され、これを防止するため当該船舶を停船させて立入検査を行う必要がある場合には、重大凶悪犯罪の防止という観点から、人に危害を与えうる武器の使用を認める必要性が特に高いと考えられることから、本条による武器の使用を認める前提としての要件とされたものである。

なお、具体的に想定する事例としては、不審船事案が挙げられるが、法制度としては、特定の事案や特定の国の船舶を対象とするものではなく、一般的な制度である。

（1）第1号

「外国船舶と思料される船舶」とは、日本船舶であると判断される船舶以外の全ての船舶を対象とする趣旨であり、特定の外国の旗を掲げる権利を有する外国船舶であるとの確証までを求めるものではなく、国籍が不明である船舶を含むものである。

したがって、例えば、当該船舶の掲げる国旗、標示する船名、番号等の外観、これらの情報から調査して得られる船舶の同一性に関する情報等から判断して次のような船舶が対象となる。

ア　外国の旗を掲げている船舶

イ　日本の旗を掲げているが、船名、登録番号等から、日本船舶ではないと思料される船舶

ウ　いずれの国の旗も掲げておらず、国旗を掲げるよう要求してもこれに応じず、船名、登録番号等から、日本船舶ではないと思料される船舶

128

エ　2以上の国の旗を掲げる船舶

本規定は、人への危害をも与えうる武器の使用という強力な強制手段を行使するものであることから、単に疑わしいとされるだけでなく、我が国への侵害行為が現に行われていることを要件とすることから、その既遂行為として、我が国の内水又は領海へ正当な理由なく侵入していることをとらえ、国連海洋法条約に定める「無害通航でない航行」を規定している。

「無害航行でない航行を我が国の内水又は領海において現に行っている」とは、我が国領海において国連海洋法条約第19条2各号に列記された活動を行っている場合のほか、同条1の沿岸国の平和、秩序、又は安全を害する通航を行っていること、さらにははいかい、滞留等「継続的かつ迅速」とされる通航の要件に該当しない航行を行っていることをいい、緊急入域や水先人の乗船のための停船等、不可抗力又は遭難により必要とされる場合や航行に通常付随する場合の停船及び投錨は無害通航に含まれる。また、これに加え、内水において無害通航に相当する航行を行っている場合及び正当な理由なくはいかい、滞留等の航行を行っている場合も同様に対象とする趣旨である。

同条2各号に列記された活動のほか、例えば、犯罪が行われるおそれがある場合における当該犯罪の予防のための立入検査を忌避する行為などは「無害通航でない航行」に該当する。

「認められる」とは、主観的・独断的な判断ではなく、客観的合理性が必要である。

「我が国の内水又は領海」と地理的限定を設けたのは、我が国の領海外における外国船舶には、原則として、本規定の目的である重大凶悪犯罪の予防に係る我が国の管轄権が及ばないためである。ただし、国連海洋法条約第111条の追跡権により我が国の内水又は領海から追跡される船舶に対し、この条の要件に合致する場合に領海外でこの条の規定による武器の使用を行うことは可能である。

「正当な理由がある場合を除く」とは、外形的には国連海洋法条約第19条2に該当することで無害通航でない通航とされる航行であっても我が国の許可を得て行われる場合や、内水において無害通航に相当する航行を行っている場合等正当な理由がある場合には、無害通航と同様に何ら我が国の法益を侵害するものではないことから、これを除くこととしたものである。

(2) 第2号

「当該航行」とは、外国船舶と思料される船舶による我が国の内水又は領海における無害通航でない航行である。

「将来において繰り返し行われる蓋然性がある」ことを要件としたのは、当該航行が一度だけの偶発的なものであって、単にこれを中止させ、退去させれば事足りるという性質のものではなく、何度も繰り返し行われる蓋然性があるが故に、確実にその場で停船させ、予防措置を講ずる必要があるものとなることから、この条の規定によ

130

第Ⅱ部　自衛隊の海上警備行動

る武器の使用の相当性が認められるためである。

「繰り返し行われる蓋然性があると認められる」とは、船舶の外観、航海の態様、乗組員等の異常な挙動その他周囲の事情及び関連情報から、当該航行が将来的に繰り返し行われるおそれがあると合理的に判断されることである。すなわち、主観的、独断的判断ではなく、客観的合理性が必要とされる。ただし、「明らかである」という程度の確証が求められる判断ではなく、「そのおそれがある」と言えれば足りる。

具体的には、当該航行を繰り返す蓋然性に関する具体的情報が得られているほか、船舶の同一性を偽るための外観上・表示上の偽装、機関の改造等がうかがえる特異な船体構造、設備等が認められること等、当該船舶の外観や関連情報から不法な活動のために特に建造・改造されたものと思われるような犯罪目的の特別な仕立船は、当該航行が将来において繰り返し行われるとの蓋然性があると認められる。

（3）第3号

我が国領域内において重大凶悪犯罪の発生が懸念される場合には、その防止の必要性が高く、人に危害を与えることもあり得るような射撃を行ってでもこれを予防しなければならないと考えられることから、第3号を要件とすることとした。

ここでは、警察官職務執行法第7条第1号をはじめ他法令においても、一般に重大な犯罪とされている「長期3年以上」との要件に加え、人の生命、身体に対して危害を及ぼし又は及ぼすおそれがあって著しく人を畏怖させるような方法により行われる

131

罪とされる「凶悪」な罪に限定している。

「死刑又は無期若しくは長期3年以上の懲役若しくは禁錮に当たる凶悪な罪」とは、具体的には、内乱、外患、騒じょう、殺人、強盗、強姦、放火、傷害、略取・誘拐、建造物損壊、艦船の覆没等、単に死刑又は無期若しくは長期3年以上の懲役又は禁錮にあたる罪というだけでなく、その犯罪の性質、態様が人の生命、身体に対して危害を及ぼし又は及ぼすおそれがあって著しく人を畏怖させるような方法により行われるものをいう。

「重大凶悪犯罪を犯す」とは、必ずしも当該航行を行っている船舶の乗組員等が重大凶悪犯罪を犯す場合に限らず、これを実行する者が明らかでない場合も含まれる。

重大凶悪犯罪を犯すのに必要な「準備」とは、重大凶悪犯罪の実行に必要な人・物の運搬、情報の収集、犯罪計画の立案のための下見、実行の好機をうかがうなど犯罪の実行を準備することである。

「疑いを払拭することができないと認められること」とは、船舶の外観、航海の態様、乗組員等の異常な挙動その他周囲の事情及び関連情報から、当該船舶の不正な航行が重大凶悪犯罪の準備のために行われているのではないかとの疑いを払拭することができないと合理的に判断されることである。すなわち、主観的、独断的に疑わしいと判断するだけでは足りず、客観的、合理的に疑わしいと判断するに足りる事情があることを要する。その場合「疑いがある」という程度までの確証が求められるもので

第II部　自衛隊の海上警備行動

（4）第4号

本規定の目的は、立入検査の実効性の確保及びこれによる重大凶悪犯罪の予防であることから、その本質とも言える、立入検査の必要性についての判断を要件としたものである。

「知り得べき情報に基づいて適確な措置を尽くすのでなければ」「立入検査」と「犯罪の予防」との関係の明確化を図るため置いた文言である。「未然に防止することができないと認められる」とは、船舶の外観、航海の態様、乗組員等の異常な挙動その他周囲の事情その他これらに関連する情報から、他の各号

はなく、当該航行が重大凶悪犯罪の準備のために行われているという「疑いを排除しきれない」あるいは当該航行が重大凶悪犯罪の準備のために行われていると「疑われても仕方がない」といえる事情があれば足りるが、単に当該船舶が無害通航でない航行を行っていることや、当該船舶の目的が不明であることだけでは足りない。

具体的には、特定の重大凶悪犯罪に関連する船舶の情報が入手され、これと一致する外観上、行動上の特徴を有する船舶であると認められる場合や、当該船舶の外観上、表示上、行動上の特徴が、過去において日本人の拉致誘拐等重大凶悪犯罪事案に関与したと思料される不審船舶の特徴と類似している場合等は、当該航行が我が国領域内において重大凶悪犯罪を犯すのに必要な準備のため行われているのではないかとの疑いを払拭することができないと認められる。

の要件が認められること等により、単に領海外へ退去させる等の措置により対処するのではなく、確実に停船させて立入検査を行う必要性があると合理的に判断されることである。

他の要件と同様に、主観的、独断的判断ではなく、客観的合理的判断であることを要する。

具体的には、第2号及び第3号の要件に該当すれば、まず、一義的には、当該重大凶悪犯罪の予防のために立入検査を行う必要性が高いと認めうるが、さらに、他国領海へ向け逃走を続けるなど当該船舶の逃走状況や重要な施設への接近状況、艦艇及び航空機等による現場における対応の状況等具体的な情報を加味したうえ、その場で船舶の進行を停止させることをもって立入検査の迅速確実な実施が不可欠であると判断される場合は、本号に該当する船舶であると認められる。

2

(1) 船舶の外観

長官の認定に必要な情報

長官は、船舶の外観、航海の態様、乗組員等の異常な挙動その他周囲の事情及びこれらに関連する情報から、上記各号の要件に該当する事態であるかを判断することとなるが、その際に必要となる情報としては、以下のようなものが考えられる。

「船舶の外観」とは、外から観察して知り得る当該船舶の状況をいい、具体的には、船舶の種類、船名、登録番号、船籍等の表示、掲揚している国旗等の種類、漁具等甲板

第Ⅱ部　自衛隊の海上警備行動

上の積載物の状況、アンテナ等の無線設備の状況、搭載艇の状況、その他特異な船体構造等である。

(2) 航海の態様

「航海の態様」とは、外観等から知り得た当該船舶の航海の状態をいい、具体的には、一般の通航路や泊地でないのはいかや滞留等の船舶の航行形態、巡視船艇を見て逃走する等の特異な行動、一般船舶では通常考えられない速力での航行等である。

(3) 乗組員等の異常な挙動

●●●●●　（5行スミ塗り）

(4) その他周囲の事情

「その他周囲の事情」とは、時間的、場所的にみた周囲の状況、現場の状況等に関する事前の知識、情報等をいい、当該船舶を認めた時点と場所に限定する必要はない。

●●●●●　（5行スミ塗り）

(5) これらに関連する情報

「これらに関連する情報」とは、船舶の外観、航海の態様、乗組員等の異常な挙動その他周囲の事情と関連性を有する情報という意味であり、●●●●●　（4行スミ塗り）この情報は、当該認定の時点までに長官が入手しており、かつ、その認定を行うのに必要な情報であり、長官が認定の時点に利用可能であった全ての情報を意味するものではない。

第一四 海上自衛隊の海上警備行動に関する達（秘）

● 海上自衛隊の海上警備行動に関する達

海幕運秘第●●号●●
海幕運第876号（13・2・13）により指定条件変更
一部改正 12・11・30 海上自衛隊達第33号
一部改正 13・3・27 海上自衛隊達第20号
一部改正 13・11・2 海上自衛隊達第47号

平成9年7月1日

海上自衛隊達第21号

海上における警備行動に関する内訓（昭和57年防衛庁内訓第3号）第37条第1項の規定に基づき、海上自衛隊の海上警備行動に関する達を次のように定める。

海上幕僚長　海将　夏川　和也

海上自衛隊の海上警備行動に関する達（昭和57年海上自衛隊達第31号）の全部を改正する。

目次
第1章　総則（第1条・第2条）
第2章　行動準備等（第3条―第8条）

第Ⅱ部　自衛隊の海上警備行動

第3章　立入検査等（第9条―第27条）
第4章　武器の使用（27条の2―第31条）
第5章　特則（第32条―第35条）
第6章　撤収（第36条・第37条）
第7章　雑則（第38条―第40条）
附則

第1章　総則
（趣旨）
第1条　この達は、海上自衛隊の海上における警備行動（以下「海上警備行動」という。）の実施に関し必要な事項を定めるものとする。
（定義）
第2条　この達において、次の各号に掲げる用語の意義は、当該各号に定めるところによる。
（1）内訓　海上における警備行動に関する内訓をいう。
（2）立入検査のための停船措置　内訓第11条第2項及び第3項に規定する立入検査をするために船舶の進行を停止させる措置をいう。
（3）移動等の措置　内訓第19条第1項各号に掲げる次のものをいう。
ア　船舶の進行を開始させ、停止させ、又はその出発を差し止めること。

137

イ 航路を変更させ、又は船舶を指定する場所に移動させること。

ウ 乗組員、旅客その他船内にある者を下船させ、又はその下船を制限すること。

エ 積荷を陸揚げさせ、又はその陸揚げを制限し、若しくは禁止すること。

オ 他船又は陸地との交通を制限し、又は禁止すること。

カ 前アからオまでに掲げる措置のほか、海上における人の生命若しくは身体に対する危険又は財産に対する重大な損害を及ぼすおそれがある行為を制止すること。

(4) 外国商船　第24条の2第1項第1号に規定する外国軍艦等以外のすべての外国船舶をいう。

(5) 警告射撃　武器を使用する場合に、警告のため故意に狙いを外して実弾により行う射撃をいう。

(6) 国際水域　いかなる国の領域主権にも属さないすべての海洋区域で、接続水域、排他的経済水域及び公海で構成される水域をいう。

第2章　行動準備等
（緊急事態発生時の報告）
第3条　内訓第6条第1項及び第2項に規定する緊急事態発生の報告又は通報は、それぞれ別表第1に定めるところによるものとする。
（行動準備）

第Ⅱ部　自衛隊の海上警備行動

第4条　長官直轄部隊の長は、海上警備行動を命ぜられることが予測される場合又は内訓第7条第1項の規定により待機を命ぜられた場合には、海上警備行動を実施するために必要な準備（以下「行動準備」という。）を行うものとし、行動準備の発動は、海上幕僚長の指示による。

2　●●●●●

3　長官直轄部隊の長は、海上幕僚長の指示を待ついとまがないと認めた場合には、第1項の規定にかかわらず、行動準備を発動することができる。この場合、その旨を直ちに海上幕僚長に報告しなければならない。

4　第1項に規定する海上幕僚長の指示には、事態の状況、行動準備を実施する部隊、行動準備の区分その他行動準備に必要な事項を含むものとする。

（行動準備に関する計画）

第5条　長官直轄部隊の長は、前条第1項に規定する行動準備の実施に関し、必要な計画をあらかじめ定めておくものとする。

2　長官直轄部隊の長は、前項の規定により行動準備に関する計画を定めたときは、これを海上幕僚長に報告するものとする。

（行動準備発動等の報告）

第6条　長官直轄部隊の長は、行動準備を発動した場合及び完了した場合には、別表第1に定めるところにより速やかに海上幕僚長に報告するとともに、関係部隊の長に通報しなければならない。

（待機状況の報告）

第7条　内訓第8条の規定による待機状況の報告については、別表第1に定めるところによるものとし、長官直轄部隊の長は、速やかに海上幕僚長に報告するとともに、関係部隊の長に通報しなければならない。

（行動報告）

第8条　内訓第10条第1項及び第2項の規定による行動報告については、別表第1に定めるところによるものとし、長官直轄部隊の長は、時宜に応じ海上幕僚長に報告するとともに、関係部隊の長に通報しなければならない。

第3章　立入検査等

（行動不審等の船舶発見時の措置）

第9条　●●●●●**（半頁スミ塗り）**

（立入検査のための停船措置等）

第10条　艦艇の長又は特別警備隊長は、行動不審等の船舶の動静等を確認した結果が次の各号のいずれかに該当し、立入検査を行う必要があると認めた場合には、当該船舶（以下「立入検査対象船舶」という。）に対し立入検査を行うために停船を要請するものとする。

(1) ●●●●●**（2行スミ塗り）**

(2) 接続水域にある外国商船が我が国領域内における通関、財政、出入国管理又は衛生に係る

（3）排他的経済水域及び大陸棚に係る水域にある外国商船が当該水域に適用される法令に係る法令違反を行い、又は行おうとする疑いがある場合

（4）国際水域にある外国商船が国際法の規則によって臨検することができる船舶に該当し、かつ、法令違反の行為を行い、又は行おうとする疑いがある場合

（5）国際水域にある外国商船が国際法の規則によって臨検することができる船舶に該当し、かつ、海上における危険な事態に対処するために必要があると認めた場合

2　艦艇の長又は特別警備隊長は、前項各号のいずれかに該当する船舶が正当な理由なく停船の要請に応じない場合には、当該船舶に対し停船命令を発するものとする。

3　艦艇の長又は特別警備隊長は、前項の停船命令に服しない船舶に対し、他に適当な手段がないと認められる場合には、内訓第11条第3項の規定により、停船させるために必要な強制措置を講ずることができる。

4　前3項の規定は、機長が立入検査のための停船措置を講ずる場合に準用するものとする。

5　機長は、停船を要請する場合又は停船命令を発する場合には、可能な限り次の各号に掲げるところにより、当該船舶に対し注意を喚起した上、発光信号、無線電話、拡声器等の手段によりその意思を伝達するものとする。

（1）当該船舶の上空における旋回

（2）当該船舶の前方における低空での横切り

(3) 当該船舶の近傍におけるバンクの繰り返し
(4) 報告球の投下
6　艦艇の長、特別警備隊長又は機長は、立入検査対象船舶に対し停船を要請した場合又は停船命令を発した場合には、次の各号に掲げる事項について記録しておかなければならない。

●●●●（半頁スミ塗り）

（停船措置の引継ぎ）
第11条　艦艇の長は、前条第1項から第3項までの規定により立入検査対象船舶に対して停船措置を講じた場合において、他の艦艇の長又は海上保安官に措置を引き継ぐことが適当と認めたときは、速やかに停船措置の理由、当該船舶の対応状況その他必要な事項を通知し、引き継ぐものとする。

2　特別警備隊長又は機長が、前条第1項から第4項までの規定により立入検査対象船舶に対して停船措置を講じた場合の艦艇の長又は海上保安官への引き継ぎは、前項に準じて行うものとする。

3　●●●●（4行スミ塗り）

4　●●●●（3行スミ塗り）

（停船措置の報告）
第12条　艦艇の長、特別警備隊長又は機長は、次の各号に掲げる場合には、別表第1に定めるところにより、直ちにその状況を海上幕僚長及び指揮系統上の上級部隊の長に報告するとともに、関係部隊の長に通報しなければならない。

142

第Ⅱ部　自衛隊の海上警備行動

(1) 停船措置を講じたとき。

(2) 停船措置を引き継いだとき。

(3) 停船措置を解除したとき。

(立入検査員の指定等)

第13条　●●●●●（3行スミ塗り）

2　艦艇の長、特別警備隊長又は機長は、立入検査を適正に実施するため、内訓第12条に規定する立入検査の目的、任務の区分及び立入検査の重点のほか、次の各号に掲げる事項を立入検査員に指示しなければならない。

(立入検査隊員の派遣等)

第14条　●●●●●（4行スミ塗り）

2　艦艇の長、特別警備隊長又は機長は、立入検査を行うに当たっては、相手船舶の逃走防止及び立入検査隊員の防護のため、当該船舶の動静に注意するとともに、不測の事態に備え所要の措置を講ずるものとする。

3　●●●●●（4行スミ塗り）

4　内訓第14条に規定する立入検査隊員が携帯する証明書は、海上自衛隊における身分証明書に関する達（昭和42年海上自衛隊達第61号）に定める身分証明書とする。

5　立入検査隊員の服装等は、部隊指揮官が状況に応じたものを指定するものとする。

143

（立入検査活動の補助）
第15条　立入検査活動を補助する隊員は、立入検査を実施する隊員の命令を受けて立入検査活動を補助するものとする。
（書類提出命令の実施）
第16条　立入検査指揮官は、乗組員、旅客及び積荷、船舶の設備、用途及び運航の状況を調査する場合において、書類を自艦又は自機に持ち帰って調査する必要があるときは、内訓第17条第1項の規定により書類の提出を命ずることができる。
2　艦艇の長、特別警備隊長又は機長は、前項の書類提出命令により提出された書類を速やかに調査し、なお綿密に調査する必要がある場合は写しを取って当該書類を船長等に返還しなければならない。
（立入検査隊員の出発前の点検）
第17条　●●●●●　**（4行スミ塗り）**
（立入検査隊員の撤収時の点検）
第18条　立入検査指揮官は、立入検査を終了し、撤収するに当たっては、立入検査隊員及び携行物件の異常の有無等を確認するため、前条に準じて点検を行うものとする。
（立入検査指揮官の状況報告）
第19条　立入検査指揮官は、立入検査を実施中、相手方の対応状況、検査の進ちょく状況その他必要と認める事項について、時宜に応じ、艦艇の長、特別警備隊長又は機長に報告するものとす

144

第Ⅱ部　自衛隊の海上警備行動

る。

（立入検査実施報告）

第20条　艦艇の長、特別警備隊長又は機長は、第10条第1項から第4項までの規定により停船措置を講じた船舶に対して、立入検査を実施した場合には、別表第1に定めるところにより、直ちにその状況を海上幕僚長及び指揮系統上の上級部隊の長に報告するとともに、関係部隊の長に通報しなければならない。

（立入検査記録）

第21条　内訓第18条に規定する立入検査記録の様式は、別記様式第1のとおりとする。

2　艦艇の長、特別警備隊長又は航空隊司令は、当該記録の写しを、速やかに海上幕僚長及び関係地方総監に送付するものとする。

（移動等の措置）

第22条　艦艇の長又は特別警備隊長は、領水又は国際水域にある我が国の船舶が次の各号のいずれかに該当する場合には、内訓第19条第1項又は第2項の規定により移動等の措置を講ずることができる。

（1）法令に違反していることが明らかな場合

（2）内訓第19条第1項又は第2項に規定するいずれかの場合に該当するとき。

（3）立入検査の結果、前2号のいずれかに該当することが明らかになった場合

（4）自衛官の職務の執行を妨げる行為があった場合

2　艦艇の長又は特別警備隊長は、領水にある外国商船が次の各号のいずれかに該当する場合には、内訓第19条第1項の規定により、移動等の措置を講ずることができる。
(1) 法令に違反していることが明らかである場合又は内訓第19条第1項に該当する場合
(2) 立入検査の結果、前号に該当することが明らかになった場合
(3) 領水に係る自衛官の職務の執行を妨げる行為があった場合

3　艦艇の長又は特別警備隊長は、領水にある外国商船が次の各号のいずれかに該当する場合には、内訓第19条第2項の規定により移動等の措置を講ずることができる。
(1) 法令に違反していないが、内訓第19条第2項に該当する場合
(2) 立入検査の結果、前号に該当することが明らかになった場合

4　艦艇の長又は特別警備隊長は、接続水域にある外国商船が次の各号のいずれかに該当する場合には、内訓第19条第1項又は第2項の規定により当該外国商船に対して移動等の措置を講ずることができる。
(1) 我が国の領域内における通関、財政、出入国管理又は衛生に関する法令に違反していることが明らかな場合、若しくは当該法令にかかわる犯罪を防止するために必要と認める場合
(2) 立入検査の結果、前号に該当することが明らかになった場合
(3) 接続水域に係る自衛官の職務の執行を妨げる行為があった場合

5　艦艇の長又は特別警備隊長は、排他的経済水域及び大陸棚に係る水域にある外国商船が次の各号のいずれかに該当する場合には、内訓第19条第1項又は第2項の規定により当該外国商船に

対して移動等の措置を講ずることができる。

(1) 排他的経済水域及び大陸棚に適応される法令に違反していることが明らかな場合

(2) 立入検査の結果、前号に該当することが明らかになった場合

(3) 排他的経済水域及び大陸棚に係る水域に関する自衛官の職務の執行を妨げる行為があった場合

6 艦艇の長又は特別警備隊長は、国際水域にある外国商船が次の各号のいずれかに該当する場合には、内訓第19条第1項又は第2項の規定により、移動等の措置を講ずることができる。

(1) 当該船舶が国際法の規則によって拿捕することができる船舶に該当し、かつ、法令違反の行為を行い、又は行おうとする疑いがある場合

(2) 当該船舶が国際法の規則によって拿捕することができる船舶に該当し、かつ、海上における危険な事態に対処するために必要があると認めた場合

(3) 立入検査の結果、前各号のいずれかに該当することが明らかになった場合

7 艦艇の長又は特別警備隊長は、事態の状況から真にやむを得ない場合には、正当な理由なく移動等の措置に関する命令に服しない船舶に対し、内訓第19条第5項の規定により、必要な最小限の強制措置を講ずることができる。

8 艦艇の長又は特別警備隊長は、停船命令を発する場合を除き、移動等の措置に関する命令を発する場合には、当該船舶の船長等に対し、口頭又は文書をもって措置の種類及びその理由を告知するものとする。

9　前各項の規定は、機長が移動等の措置を講ずる場合に準用する。
（移動等の措置の引継ぎ）
第23条　艦艇の長は、前条の規定による移動等の措置を他の艦艇の長に引き継ぐことが適当と認められる場合には、立入検査の状況、措置の種類、措置の理由その他必要な事項を通知するものとし、可能な限り立入検査記録及び第25条に規定する措置記録の写しを添えるものとする。
2　特別警備隊長又は機長は、艦艇の長を海上保安官に移動等の措置を引き継ぐことが適当と認められる場合には、前項に準じて引継ぎを行うものとする。
3　艦艇の長、特別警備隊長又は機長は、他の艦艇の長、特別警備隊長又は海上保安官に移動等の措置を引き継ぐことができない場合には、速やかにその状況、引継ぎを希望する日時、場所その他必要な事項を指揮系統上の上級部隊の長に報告するとともに、関係の地方総監及び部隊の長に通報するものとする。
4　前項の報告又は通報を受けた地方総監は、関係の部隊の長及び管区海上保安本部長と調整し、引継ぎの日時、場所その他必要な事項を当該艦艇の長又は当該機長に示すものとする。
（移動等の措置の報告）
第24条　艦艇の長、特別警備隊長又は機長は、別表第1に定めるところにより、前2条又は内訓第21条の規定により、次の各号に掲げる場合には、直ちにその状況を海上幕僚長及び指揮系統上の上級部隊の長に報告するとともに、関係部隊の長に通報しなければならない。

第Ⅱ部　自衛隊の海上警備行動

(1) 移動等の措置を講じたとき。
(2) 移動等の措置を引き継いだとき。
(3) 移動等の措置を解除したとき。

（措置記録）
第25条　内訓第22条に規定する措置記録の様式は、別記様式第2のとおりとする。
2　艦艇の長、特別警備隊長又は機長の所属する航空隊司令は、当該記録の写しを速やかに海上幕僚長及び関係地方総監に送付するものとする。

（現行犯人逮捕時の報告等）
第26条　部隊指揮官は、指揮下の自衛官が現行犯人を逮捕した場合には、別表第1に定めるところにより、直ちにその状況を海上幕僚長及び指揮系統上の上級部隊の長に報告するとともに、関係の地方総監及び部隊の長に通報しなければならない。
2　部隊指揮官は、別記様式第3の現行犯人逮捕記録を作成し、その写しを関係地方警務隊長に送付するものとする。

（現行犯人の引渡し）
第27条　部隊指揮官は、内訓第23条の規定により現行犯人を地方検察庁若しくは区検察庁の検察官又は司法警察職員（以下「検察官等」という。）に引き渡させる場合には、事情の許す限り速やかに行うものとし、この際、現行犯人逮捕記録の写しを添えるものとする。
2　艦艇の長、特別警備隊長又は機長は、引渡しに関し必要と認める場合には、速やかに以後の

行動の概要、引渡しを希望する日時、場所その他必要な事項を指揮系統上の上級部隊の長に報告するとともに、関係の地方総監及び部隊の長、特別警備隊長又は機長は、別表第1に定める現行犯人逮捕報告に所要の事項を記載することにより、この報告又は通報に代えることができる。

3　前項の報告又は通報を受けた地方総監は、関係部隊の長及び検察官等と調整し、引渡しの日時、場所その他引渡しに関し必要な事項を当該艦艇の長又は当該機長に示すものとする。

4　部隊指揮官は、現行犯人を引き渡させた場合には、別表第1に定めるところにより、直ちにその状況を海上幕僚長及び指揮系統上の上級部隊の長に報告するとともに、関係の地方総監及び部隊の長に通報しなければならない。

（長官の事態認定の判断に資する報告）

第27条の2　内訓第24条の2第2項の規定による長官の事態認定の判断に資するための報告については、別表第1に定めるところによるものとする。

第4章　武器の使用

（使用し得る武器の種類）

第28条　●●●●●●（7行スミ塗り）

（武器の使用）

第29条　●●●●●●（3行スミ塗り）

第Ⅱ部　自衛隊の海上警備行動

2　●●●●●（半頁スミ塗り）

（武器使用の中止）

第30条　部隊指揮官、機長又は立入検査指揮官が武器の使用を命じた場合若しくは自衛官が内訓第25条第1項ただし書の規定により武器を使用している場合には、常に相手方の動静に注意し、武器を使用する必要がなくなったと認められるときは、直ちに武器の使用を中止させ、又は中止するものとする。

（武器使用報告）

第31条　部隊指揮官又は機長は、武器の使用を命ずる場合若しくは武器の使用を命じた場合又は指揮下の自衛官が武器を使用した場合には、別表第1の定めるところにより、直ちにその状況を海上幕僚長及び指揮系統上の上級部隊の長に報告するとともに、関係部隊の長に通報しなければならない。

第5章　特則

（外国軍艦等に対する退去要求等）

第32条　艦艇の長、特別警備隊長又は機長は、領水内にある外国軍艦等が領水の通航に係る法令を遵守しない場合には、当該外国軍艦等に対して遵守を要請するものとする。

2　艦艇の長、特別警備隊長又は機長は、外国軍艦等が前項の遵守の要請を無視した場合には、領水から直ちに退去するよう要求するものとする。

151

3 艦艇の長、特別警備隊長又は機長は、前2項の規定により遵守を要請する場合若しくは領水からの退去を要求する場合又は内訓第28条の規定により同条第1項各号のいずれかに該当する行為を行う外国軍艦等に対して当該行為の中止を要求する場合若しくは領水からの退去を要求する場合には、手旗信号、国際旗りゅう信号、発光信号、無線電話、拡声器その他強制手段に至らない手段により行うものとする。

4 ●●●●●（3行スミ塗り）

（外国軍艦等に関する報告）

第33条 艦艇の長、特別警備隊長又は機長は、前1項又は内訓第28条第1項各号のいずれかに該当する行為を行っている外国軍艦等を発見した場合及び当該条の規定による措置を実施した場合には、別表第1に定めるところにより、直ちにその状況を海上幕僚長及び指揮系統上の上級部隊の長に報告するとともに、関係部隊の長に通報しなければならない。

（追跡権の行使等）

第34条 艦艇の長、特別警備隊長又は機長は、外国船舶が次の各号のいずれかに該当すると信ずるに足りる十分な理由があるときは、国連海洋法条約第111条に定める追跡を開始することができる。

この場合において、海上保安庁から追跡を引き継ぐ場合には、海上保安庁による当該追跡が、第1号においては相手方船舶が領水内にある時に、第2号においては接続水域内にある時に、第3号においては排他的経済水域内にある時に、第4号においては大陸棚に係る水域内にある時に

152

開始され、かつ、中断されていない場合に、法令違反行為が領域内で行うことができる。

(1) 領水からの追跡については、引き続きこれを行うことができる。

(2) 接続水域からの追跡については、通関上、財政上、出入国管理上又は衛生上の法令違反が領域内で行われたこと。

(3) 排他的経済水域からの追跡については、当該水域に適用される我が国の法令違反が当該水域で行われたこと。

(4) 大陸棚に係る水域からの追跡については、当該水域に適用される我が国の法令違反が当該水域で行われたこと。

2 前項の追跡の開始は、それぞれの水域に係る自衛官の職務の執行においても適用することができる。

3 艦艇の長、特別警備隊長又は機長は、前2項の規定により開始された追跡に係る自衛官の職務の執行を妨げる行為があった場合には、当該船舶に対して内訓第19条第1項又は第2項の規定により、移動等の措置を講ずることができる。

(関係国への通報に係る報告)

第35条 艦艇の長、特別警備隊長又は機長は、内訓第31条第1項に規定する関係国に通報する必要があると認められる場合には、第20条、第24条又は第33条の規定による報告において、その旨を付記するものとする。

2 前項の報告を受けた自衛艦隊司令官又は地方総監は、関係国への通報が必要であると判断し

た場合には、別表第1に定めるところにより、直ちに海上幕僚長に報告するものとする。

第6章　撤収
（事態収拾報告）
第36条　内訓第32条の規定による事態収拾報告については、別表第1に定めるところによるものとし、長官直轄部隊の長は、速やかに海上幕僚長に報告するとともに、関係部隊の長に通報しなければならない。
（行動詳報）
第37条　海上警備行動を命ぜられた長官直轄部隊の長が内訓第34条の規定により提出する行動詳報には、次の各号に掲げる事項を含むものとする。

●●●●●（半頁スミ塗り）

第7章　雑則
（記録の保管）
第38条　第9条第2項、第10条第6項、第21条、第25条及び第26条の規定による記録の保管は、特に指示がある場合を除き、作成の日から3年間とする。
（長官への報告）
第39条　別表第1に掲げる報告のうち、内訓の規定により長官に報告を要するものについては、

海上幕僚長がこれを行う。

（委任）

第40条　長官直轄部隊の長は、この達の実施に関し必要な事項を定めることができる。この場合において、自衛艦隊司令官以外の長官直轄部隊の長が必要な事項を定めるときは、あらかじめ自衛艦隊司令官と調整するものとする。

2　長官直轄部隊の長は、前項の規定により必要な事項を定めた場合には、速やかに海上幕僚長に報告するものとする。

　　附則

この達は、平成9年7月1日から施行する。

別表第1、第2、第3（略）

第一五 海上自衛隊の海上警備行動に関する達の運用の通達（秘）

●海上自衛隊の海上警備行動に関する達の運用について（通達）

海幕運秘第●●号　2枚つづり　永久　30年保存（2027・12・31まで保存）

海幕運第876号（13・2・13）により指定条件変更

一部改正　12・11・30　海幕運第5737号

一部変更　13・3・27　海幕運第1874号

9・7・1

海幕運第3080号

各部隊の長　各機関の長　殿

海上幕僚長

標記について、下記のとおり通達する。

なお、海幕運第4374号（57・10・23）は、廃止する。

記

1　第10条（立入検査のための停船措置等）関係

（1）艦船の長、特別警備隊長又は機長は、停船要請又は停船命令を行う場合その他相手船舶に対し意思を伝達する場合には、可能な限り国際信号書に定められた符字を活用するもの

156

第Ⅱ部　自衛隊の海上警備行動

(2) 第1項第4号及び第5号の「国際法の規則」とは、例えば、国連海洋法条約第105号に規定する海賊船舶又は海賊航空機の拿捕に関する規則及び同条約第110条に規定する臨検の権利に関する規則である。

(3) 第1項第4号の「法令違反の行為」とは、例えば、刑法の規定に該当する行為である。

(4) 第1項第5号の「海上における危険な事態に対処するために必要があると認めた場合」とは、例えば、外国船舶による外国船舶に対する国際法上の海賊行為が行われる場合である。

2 第13条（立入検査隊員の指定等）関係

●●●●（1頁スミ塗り）

3 第14条（立入検査隊員の派遣等）関係

(1) 艦艇の長、特別警備隊長又は機長は、立入検査隊員を派遣する場合には、不測の事態に備え、状況に応じ次の措置を講じておくものとする。

●●●●（4行スミ塗り）

(2) 立入検査隊員の服装は、部隊指揮官が自衛官服装規則（昭和32年防衛庁訓令第4号）及び海上自衛官服装細則（昭和40年海上自衛隊達第90号）に定める服装のうちから指定するものとし、立入検査隊員に防護のため必要な装備品を装着させることができる。

4 第15条（立入検査活動の補助）関係

157

●●●●●（4行スミ塗り）
5 第17条（立入検査隊員の出発前の点検）関係
●●●●●（8行スミ塗り）
6 第19条（立入検査指揮官の状況報告）関係
立入検査指揮官は、次の各号に掲げる場合には、速やかに艦艇の長、特別警備隊長又は機長に報告しなければならない。
●●●●●（5行スミ塗り）
7 第22条（移動等の措置）関連
（1）艦艇の長、特別警備隊長又は機長は、移動等の措置を講ずるに当たり、抵抗の抑止及び逃走その他の措置に対する違反の防止のため、第3項に準じて所要の警戒措置を講じておくものとする。
（2）第6項の「国際法の規則」とは、例えば、国連海洋法条約105条に規定する海賊船舶又は海賊航空機の拿捕に関する規則であり、「法令違反の行為」とは、達第10条第1項第4号と同義である。
（3）第6項第2号の「海上における危険な事態に対処するために必要があると認めた場合」とは、例えば、外国船舶による外国船舶に対する国際法上の海賊行為が行われる場合であり、かつ、危険な行為を制止する等、行政警察権に基づく措置をもって対応する場合である。

158

第Ⅱ部　自衛隊の海上警備行動

8　第29条（武器の使用）関係
●●●●●（**9行スミ塗り**）
写送付先　部内全般

第一六　海上自衛隊幹部学校教程「行動法規」

●行動法規

整理番号　WC－L－0205－002　小番号　発行部数　300

分類番号　J－J0－J00　保存期間1年　保存期間満了時期13・12・31

発行年月日　13・4・20

2001　海上自衛隊幹部学校第3研究室

はしがき

この資料は、幹部学校学生に対する「行動法規」の講義資料として第3研究室の中村2佐が作成したものである。

平成13年4月20日

研究部長　1等海佐　川村成之

160

第Ⅱ部　自衛隊の海上警備行動

目　次

Ⅰ　我が国の法制度
　1　我が国の法制度の基本原則 …… 1
　2　国家行政組織法に基づく設置法の規定 …… 1
　3　防衛庁設置法・自衛隊法の規定 …… 1
　4　自衛隊の行動／権限と法律上の根拠 …… 1

Ⅱ　自衛隊の行動と権限
　1　行政作用 …… 2
　2　自衛隊の行動 …… 2
　3　自衛隊法制定の経緯 …… 2
　4　自衛隊の行動と権限の現状 …… 3

Ⅲ　警察権の概要
　1　警察法第2条の規定 …… 5
　2　警察権の限界 …… 7
　3　司法警察権 …… 7
　4　行政警察権 …… 8
　5　警察権に基づく武器使用 …… 9
　6　刑法の規定による正当防衛（36条）と緊急避難（37条） …… 10

161

Ⅳ 平常時の権限 = 武器等の防護 15
　1 法規体系 15
　2 武器等の防護の権限の特徴 15
　3 防護の対象 15
　4 武器等防護のための武器使用 15
Ⅴ 治安出動 17
　1 法規体系 17
　2 準用される法律及び権限 17
　3 治安出動時の権限の特徴 17
　4 武器使用 18
Ⅵ 海上における警備行動 20
　1 我が国の海上における秩序維持に関する国内法 20
　2 法規体系 21
　3 準用される法律及び権限 21
　4 海上警備行動時の権限の特徴 21
　5 実施する措置 22
　6 現行犯人逮捕に関する事項 25
　7 商船に対する武器使用 26

162

第Ⅱ部　自衛隊の海上警備行動

Ⅶ　災害派遣
　1　法規体系 ... 27
　2　準用される法律及び権限 ... 27
Ⅷ　防衛出動
　1　防衛出動下令と自衛権発動の関係 ... 27
　2　防衛出動時の権限 ... 28
Ⅸ　国際平和協力業務
　1　法規体系 ... 28
　2　国際平和協力隊の業務の構造 ... 28
　3　武器使用 ... 29
Ⅹ　在外邦人等の輸送
　1　法規体系 ... 29
　2　輸送の前提 ... 29
　3　輸送の対象 ... 30
　4　輸送の手段 ... 32
　5　輸送の範囲 ... 32
　6　武器使用 ... 32
　7　諸外国の類似の活動との相違 ... 32

163

XI 周辺事態に際しての措置
　1　法規体系
　2　用語の意義
　3　自衛隊の実施する後方地域支援
　4　後方地域捜索救助活動
　5　船舶検査活動
　6　武器使用

I　我が国の法制度
1　我が国の法制度の基本原則

　我が国の法制度は、憲法で保障される基本的人権の尊重を確保するために、法治主義の要請を受け、「国の機関による活動の内容と権限は、議会が制定した法律上の根拠に基づかなければならない。」という原則に基づいている。

2　国家行政組織法に基づく設置法の規定

　国の機関の組織、所掌事務及び権限等の基本は、国家行政組織法に規定され国の各機関の設置法は、それぞれの機関に分掌された「明確な範囲の所掌事務と権限」（国家行政組織法2条1）を規定している。

3　防衛庁設置法・自衛隊法の規定

41　39　37　36　34　34　34

164

第Ⅱ部　自衛隊の海上警備行動

防衛庁・自衛隊については、次のとおり規定されている。
・防衛庁設置法　第5条　32項目（所掌事務）
・自衛隊法
　　　第6章　13か条（行動）
　　　第7章　12か条（権限）
　　　第8章　11か条（その他の活動）

4　自衛隊の行動／権限と法律上の根拠

自衛隊が行動、活動し、その権限を行使するには法律上の明文の規定が必要である。この点について、政府は国会答弁において、次のように示している。
「……現在そういう職務は自衛隊法には書いてございませんから、仮に、そういうことをやろうとするならば、自衛隊法の改正が要る。言い換えれば、現在それをやれば自衛隊法違反になる」（衆院予算委員会、58・2・5　角田法制局長官答弁）

○事例（海保巡視船をインドネシア邦人等輸送に派遣）
・海保法5条17号（関係行政庁との協力を一般的に規定）が派出根拠
・防衛庁設置法に当該規定なし
・隊法は、86条は防衛出動、治安出動、災害派遣、地震防災派遣の4事態における出動部隊と関係機関との協力を規定
　100条では運動競技会、南極地域観測支援、在外邦人等の輸送など、協力事項を限定して関係機関との協力を規定

II 自衛隊の行動と権限

1 行政作用

(1) 国家目的の作用——組織、外交、軍事、財政等

(2) 社会目的の作用

　　警察—消極的に社会公共の秩序を維持するため、権力をもって国民に命令し、強制する作用

　　保育—積極的に社会公共の福祉を増進させるための非権力作用

2 自衛隊の行動（軍事行動と警察活動）

- 防衛出動 ＝ 軍事行動
- 領空侵犯対処
- 武器等防護の武器使用 　行動・活動の位置づけなし
- 治安警備行動
- 海上警備行動 ＝ 警察活動
- 災害派遣
- 地震防災派遣
- 国連平和協力
- 国際緊急援助 ＝ 国際貢献
- 南極地域観測協力
- 機雷等の除去

武器使用は、警察権の範囲で規定

166

第Ⅱ部　自衛隊の海上警備行動

- 在外邦人等の輸送
- ACSA　　　　　　　　　　　＝他省庁・機関等に対する協力／支援
- 周辺事態への対応
- その他

3　自衛隊法制定の経緯

（1）終戦からの自衛隊創設を巡る経緯

- S22・5・3　日本国憲法制定―首相……すべての戦力の不保持―自衛権否定
- S23〜S24　アジアの共産勢力の台頭、中国共産党大陸制覇
- S25・1・28　衆院本会議―首相……日本は武力によらない自衛権を持つ
- S25・6・25　朝鮮戦争勃発
- S25・7・8　GHQ7万5千人の警察予備隊の創設、海上保安庁8千人の増員指令
- S25・8・10　ポツダム政令により、警察予備隊令公布―活動は警察の任務の範囲に限られる。（第3条）
- S27・7・7　警察予備隊違憲訴訟―司法権が発動するためには具体的な争訟事件が提起されることが必要―却下
- S27・7・31　保安庁法―わが国の平和と秩序を維持し、人命及び財産を保護するためあわせて海上における警備救難の事務を行う（第4条）
- S27・11・25　第4次吉田内閣統一見解―参院予委―憲法第9条第2項は、侵略の目的たる

167

- S29・6・9　と自衛の目的たるとを問わず『戦力』の保持を禁止している。『戦力』とは、近代戦争遂行に役立つ程度の装備、編成を備えるものをいう。……その本質は警察上の組織である。保安隊及び警備隊は『戦力』ではない。
- S29・12・21　自衛隊法—自衛隊はわが国の平和と独立を守り、国の安全を保つため直接侵略及び間接侵略に対しわが国を防衛することを主たる任務とし必要に応じ公共の秩序の維持に当たる。（第3条）
- S29・12・22　衆院予委　内閣法制局長官—『戦力』とは自衛のために必要な限度を越えるものをいう。
- S47・11・13　参院予委　防衛庁長官—憲法は自衛のための抗争も否定していない。
　　　　　　　内閣法制局長官—『戦力』の考え方は昭和29年12月以来変わらない。

(2) 自衛隊法制定による効果
○旧保安庁法—保安隊・海上警備隊はあくまでも警察組織
　・防衛出動の規定はなし。
　・出動時（現治安出動）には、司法警察職員としての現行犯人逮捕及び緊急逮捕の権限を付与　←
○対応能力（装備・教育・訓練）の限界

168

第Ⅱ部　自衛隊の海上警備行動

○自衛隊法―・防衛作用―新たな任務として創設
　　　　　・警察作用―継続した任務―権限の縮小（司法警察権の除外）

4　自衛隊の行動と権限の現状

（1）行動及び権限に関する一般的な法規体系
① 防衛庁設置法―防衛庁としての所掌事務の範囲及び権限が規定されている。
② 自衛隊法―第6章に自衛隊の行動、第7章に行動時の権限が規定されているほか、第8章に他省庁等に対する協力及び他の法律に基づく活動が規定されている。
③ 庁訓、庁内訓、海自達等―行動及び権限の細部が規定されている。
　・治安出動
　・海上における警備行動
　・災害派遣、地震防災派遣
　・領空侵犯に対する措置
　・武器等の防護
　・自隊警備
　・機雷等の除去
④ 他の法律―当該法律で適用される自衛隊の行動、権限等が規定される。
　・災害対策基本法

169

- 大規模地震対策特別措置法
- 国際緊急援助隊の派遣に関する法律
- 国際平和維持活動等に対する協力に関する法律
- 周辺事態に際して我が国の平和及び安全を確保するための措置に関する法律
- 他省庁等に際して実施する船舶検査活動に関する法律
⑤ 他省庁等の依頼―自衛隊法の規定に基づき、活動の具体的内容が依頼で示される。
- 国賓等の輸送
- 在外邦人等の輸送

(2) 行動／権限に関する隊法の規定一覧表

行　動―第 6 章	権　限―第 7 章
防衛出動（76）	・武器の保有（87） ・武力の行使（国際法の適用）（88）＊ ・公共の秩序維持のための権限（92） 　警職法全条の準用 　海保法16、17、18の準用 　要人警護、暴動鎮圧等の場合の武器使用＊
治安出動（78、81）	・警職法全条の準用（89） ・要人警護等の場合の武器使用（90）＊

170

第Ⅱ部　自衛隊の海上警備行動

海警行動（82）	・海保法16、17、18の準用（91）
災害派遣（83）	・警職法7、海保法16、17、18の準用（93）
地震防災派遣（83—2）	・警職法4、6—1、3、4の準用（94の1）（警察官がその場にいない限り） ・災害対策基本法5章4節（94の2）（警察官がその場にいない限り）
対領空侵犯措置（84）	・必要な措置（84）
	・警務官の司法警察職員としての権限（96） ・武器等防護のための武器使用（95）
活動—第8章	権限—第8章
国賓等の輸送（100—5）	・邦人等の輸送業務に際しての武器使用
邦人等の輸送（100—8）	
機雷等の除去（99）	
周辺事態対応（100—9、10）	・後方地域搜索救助活動 ・後方地域支援 ┐ 　　　　　　　　├に際しての武器使用 ・船舶検査活動 ┘

＊刑法第36条、第37条の危害要件の定めがない規定

171

III 警察権の概要

1 警察法第2条の規定（警察の責務）

警察は、個人の生命、身体及び財産の保護に任じ、犯罪の予防、鎮圧及び捜査、被疑者の逮捕、交通の取締、その他公共の安全と秩序の維持に当たることをもってその責務とする。

2 警察権の限界

警察権の行使に関する法律は、一般に、権限行使の対象、要件、態様、程度等について規定し、その規定は、警察機関に臨機応変的な裁量権を与えている場合が多い。例えば、警職法、海保法等の行政警察権を規定する法律では「必要な最小限度において用いるべきもの」（警職法1条2）のように、とり得る手段の限界を具体的には示さず、警察比例の原則によることを包括的に規定している。

警察官は、個々の事態に応じて具体的にこれらの規定を適用することとなるが、千差万別の社会事象に対応するためには、ある程度個々の警察官の裁量によらざるを得ない部分がある。しかし、その裁量は、警察官の自由な判断に任せられた自由裁量ではなく、基準となる一定の原則に従わなければならないもので、その裁量は、拘束されているものである。

このような意味での警察権の限界を条理上の限界といい、前述の警察比例の原則を含め、一般に次の三つの原則が含まれる。

3　司法警察権

警察公共の原則 ─ 警察は、社会公共の秩序に直接の影響を及ぼさない個人の私生活には関与しない。

警察責任の原則 ─ 警察権の発動は、警察上の障害の発生について直接責任を負うべき者に対してのみ行われる。

警察比例の原則 ─ 警察権によって国民の権利自由を拘束することは、社会公共の秩序維持上、必要最小限度にとどまらなければならない。

民事上の法律関係不干渉
私住所不可侵
私生活不可侵

犯罪の発生を前提とした犯罪の捜査、被疑者の逮捕等を行うための権力作用に関する権限である。司法警察権に基づく権限を行使できるのは、検察官及び検察事務官以外には、法律により「司法警察職員」に指定されたものに限られる。自衛官については、隊法96条に基づき警務官のみが「司法警察職員」に指定され、部内の秩序維持のために必要な場合に限り、司法警察権を行使することが認められる。

司法警察権の行使に関する法律の目的は、「刑事事件につき、公共の福祉の維持と個人の基本的人権の保障とを全うしつつ、事実の真相を明らかにし、刑罰法令を適正かつ迅速に適用実現すること」（刑訴法1条）にある。

司法警察権の行使に関して、刑事訴訟法は、逮捕、拘留、捜索・差押え、領地等の捜査活動については、任意捜査を原則として「法律なければ強制なし」の原則に基づき「強制処分については、この法律に特別の定めのある場合でなければ、これをすることができない」旨を規定している（刑訴法１９７条）。

4　行政警察権

犯罪の発生とは直接関係はなく、個人の生命・身体、財産の保護、犯罪の予防等、公共の安全と秩序を維持するための権限であり、例えば、危険な行為の制止（警職法5条）、立入（警職法6条）、立入検査（海保法17条）及び停船・退去などの移動等の措置（海保法18条）等の規定に基づき行使される。

行政警察権の行使に関する法律の規定は、警察官等が職権職務を忠実に遂行するために、必要な手段を具体的に規定している。その限度については、一般に警察比例の原則による旨を包括的に規定している。主な規定には、警職法、海上保安庁法等がある。

5　警察権に基づく武器使用（警職法7条による武器使用）

（1）警職法7条の規定

「警察官は、犯人の逮捕若しくは逃走の防止、自己若しくは他人の防護又は公務執行に対する抵抗の抑止のため必要であると認める相当な理由がある場合においては、その事態に応じ合理的に必要と判断される限度において、武器を使用することができる。ただし、刑法36条（正当防衛）、37条（緊急避難）に該当する場合、……を除き、人に危害を与えてはならない。」

○ 通常の警察権の限界をこえる警察急状権（警察緊急権）の一態様

○ 「必要であると認める相当な理由」

警察官が判断　＝　警察官個人の主観的な判断ではなく、一般人が考えても、そのようにするだろうと思われる客観的な判断

○ その事態に応じて合理的に必要と判断される限度

警察官が判断　＝　警察官個人の主観的な判断ではなく、一般人が見ても必要と判断するような客観的・合理的な判断

（2）公務執行に対する抵抗の抑止のための武器使用

その職務の執行について、実力手段をとることが法令によって認められており、かつ、警職法7条の要件に該当する場合に限られる。抵抗がないのに、職務執行を確実にするためというだけでは、武器を使用することは許されない。

（3）犯人の逮捕、逃走の防止／自己又は他人の防護のための武器使用

公務執行のうち、特に武器使用を要する場合が多いことを予想して、特に一般の公務執行とは区別されたもの。

この場合には、「抵抗の抑止」という限定はなく、相手方の抵抗がない場合においても、当該職務を執行する上で武器使用が認められる。

なお、隊法の規定に基づく行動時の自衛官は、司法警察権を有していないため犯人の逮捕逃走の防止のための武器使用は認められない。

6 刑法の規定による正当防衛（36条）と緊急避難（37条）

（1）正当防衛（刑法36条）

刑法36条1は、正当防衛について「急迫不正の侵害に対して、自己又は他人の権利を防衛するため、やむを得ずにした行為は、罰しない。」と規定する。

「正当防衛」と認められるためには、次の要件が求められる。

① 急迫の侵害があること（急迫性）。

○「急迫の侵害」とは、侵害行為が現に存在するか間近に押し迫っていることをいう。過去の侵害や、将来の侵害を見越して防衛行為を行うことは許されない。

○急迫性の判断に対する判例の基本的立場（最高裁昭和52年7月21日決定など）

個々の事案の具体的な事情に応じて個別的に判断すべきである。

相手方の侵害がただ単に予期されていた場合、及び相手方の加害を予期して反撃を用意していたとしても、それが純粋に防衛のためのものである場合には急迫性が認められる。

ただし、あらかじめその侵害を積極的に利用する意図をもって攻撃の準備をしたときは、もはや急迫の侵害とはいえず、またそのような反撃は防衛行為とは認められない。

② 侵害が不正なものであること（違法性）。

○「不正の侵害」とは、「違法な侵害」のことをいう。

「違法な」とは、客観的に違法な行為であればよく、刑法では違法とされない責任無能力者や無過失による侵害も含まれる。

176

第Ⅱ部　自衛隊の海上警備行動

③ 防衛するための行為であること（防衛の意思）。
○「防衛するためにする」とは、防衛の行為が、防衛の意思を持って侵害者に対してなされることをいう。
○「防衛の意思」についての近年の判例（最高裁昭和50年11月28日判決）
「防衛者が憤激・逆上して攻撃意思を有していたとしても、それをもって「防衛の意思」を欠くものではないが、防衛に名を借りて侵害者に対し積極的に攻撃を加える行為は、防衛の意思を欠き、正当防衛のための行為と認めることはできない。」

④ やむを得ないでした行為であること（必要性及び相当性）。
○「防衛する手段として必要性」
侵害行為に対する反撃行為が侵害行為を排除するために必要な合理的手段の一つであることを意味する。
○「防衛する手段として最小必要限度のものであること」
○「防衛手段としての相当性」
法益を防衛するための行為が侵害を排除する手段として相当と認められることをいう。相当性が認められるためには、防衛しようとする法益と防衛行為によって害される法益とが著しく均衡を失してはならず、反撃の態様が相当か否かは、防衛行為者及び侵害者の年齢、性別、体力の差異、力量の相違、攻撃の緩急の程度など具体的状況を総合的に考慮して判断される。

177

○「相当性」についての判例

・侵害の程度と反撃行為によって生じた結果との関係

「その行為がたまたま侵害されようとした法益よりも大であっても、その反撃行為が正当防衛でなくなるものではない。……防衛行為は、……客観的にみて通常人の合理的判断により適正妥当として容認されるものでなければならない。その標準は、侵害者の攻撃の強度並びに執拗性と防衛者の行使する方法とによって決められるべきものであって、侵害と防衛との強度が、その時の具体的状況に照らして均衡のとれたものでなければならない。」(大阪高裁昭和42年3月30日判決)

・侵害を回避又は逃避することができる場合と相当性との関係

「予期された侵害を避けるべき方法がない場合に限られないが、反面、侵害を容易に避け得るにもかかわらず逃避しないで重大な反撃を加えることは許されない」(最高裁昭和52年7月21日決定)

「必ずしも他に執るべき方法がない場合に限られないが、反面、侵害を容易に避け得るにもかかわらず逃避しないで重大な反撃を加えることは許されない」(大阪高裁昭和42年3月30日判決)

(2) 緊急避難(刑法37条)

刑法第37条1項は、「自己又は他人の生命、身体、自由又は財産に対する現在の危難を避けるため、やむを得ずにした行為は、これによって生じた害が避けようとした害の程度を越えなかった場合に限り、罰しない」と規定する。

緊急避難も緊急行為の一種であり、その意味では正当防衛と同様であるが避けようとする害と

178

避けるための行為の関係が、正当防衛の場合は「不正対正」であるのに対し、緊急避難は「正対正」の関係にあることから、緊急避難の成立には、正当防衛よりも厳格な要件が求められる。

また、刑法37条2項は、緊急避難について「業務上特別の義務がある者には、適用しない。」旨を規定しており、警察官、海上保安官、消防官をはじめ自衛官等、職務の性質上危難に身をさらさなければならない義務のある者については、自己の安全を図るために他人を犠牲にすることは許されない。ただし、自己の生命を救うために他人の財産にわずかな損害を与えるような法益の価値が著しく異なる場合や、他人のための緊急避難については許される。

一般に、「緊急避難」と認められるためには、次の要件が求められる。

① 自己又は他人の生命、身体、自由又は財産に対する現在の危難があること（現在の危難）。

○「現在の」とは、正当防衛における「急迫の」と実質的な違いはない。

○「危難」には、「不正な行為」は含まれない。「正対正」の関係は「避けようとした害」と「生じた害」の間だけで問題となり、「危難を与える者」と「危難を避けようとした者」との間の問題ではない。例えば、AがBに殴りかかってきたので、Bがたまたま側にいたCを突き飛ばして逃げたような場合、AとBの関係は正当防衛であるが、BとCの関係が緊急避難の関係である。

② その危難を避けるため行為がなされたこと（避難行為）。

客観的に避難、すなわち一定の法益を救助するための行為であるとともに主観的にも避難の意思がなければならない。例えば、他人の家の窓ガラスを割るつもりで石を投げたとこ

ろ、たまたま居住者がガス自殺を図っていて、結果的に居住者を救助したような場合には緊急避難とはならない。

③ やむを得ずにした行為であること（補充性）。

「やむを得ずにした行為」とは、正当防衛の場合と異なり、他に方法がないこと、すなわち、法益を救助するための唯一の方法であることが求められる。

④ 生じた害が避けようとした害の程度を越えなかったこと（均衡性）。

「越えなかった」という中には、同価値の法益を犠牲にする場合も含まれる。正当防衛の場合と異なり、避難行為によって生じる害が避けようとした害の程度を越えることは許されない。

法益の価値の大小の判断は、生命対生命あるいは財産対財産というような場合は比較的簡単であるが、生命対財産あるいは自由対財産というような場合には、相当困難である。したがって、結局は、具体的状況に応じて法秩序全体の枠組みの中で決定されることとなるであろう。

（3）刑法36条（正当防衛）と武器使用における危害要件の関係

◎刑法36条1の規定

「急迫不正の侵害に対して、自己又は他人の権利を防衛するため、やむを得ずにした行為は、罰しない。」

我が国では、個人の法益に対する侵害は、国や公共の機関により保護され、個人が自分

180

第Ⅱ部　自衛隊の海上警備行動

で救済すること（自救行為）は認められない。
正当防衛とは、本来は違法である自救行為にあたる「自己又は他人の権利を守るために、個人が相手の権利を侵害する」という行為が、正当防衛としての行為である場合には、例外的に、その個人の行為の違法性が阻却されるというものである（違法性阻却事由）。

☆正当防衛は、個人の違法性阻却事由である。
（部隊として武器使用を開始する根拠ではない。）

◎人への危害を伴う武器使用

・「刑法36条または37条に該当し、自己または他人の生命または身体を防護するために必要であると認めるとき。」に限定
（警察官けん銃警棒等使用規範（昭和37年国家公安委員会規則第7号）7条）

・武器による危害と法益保護との均衡を考慮して、最小限度の使用条件を明文化

・本来武器には当たらない警棒等の使用も、人を殺傷する道具として用いれば、一時的に武器の使用に準ずることとなり、この危害要件によらなければならない。（警察官けん銃警棒等使用規範4条2）

☆一般人の場合の正当防衛（自己又は他人の権利の防護）、緊急避難（自己又は他人の生命、身体、自由若しくは財産の防護）と警職法7条に基づく武器使用の危害要件（自己

181

又は他人の防護）は必ずしも一致しない。

Ⅳ 平常時の権限 ＝ 武器等の防護

1 法規体系
 ・自衛隊法第95条
 ・部内令達

2 武器等の防護の権限の特徴
 武器等の防護は、平常時における唯一の権限であり、自衛隊のみに認められている。ただし、自衛隊の武器等以外の船舶や航空機の防護は認められていない。
 防護の対象は自衛隊の武器等のみに限定され、当該権限をもって、自衛隊の武器等以外の船舶や航空機の防護は認められていない。

3 防護の対象
 自衛隊の武器、弾薬、火薬、船舶、航空機、車両、有線電気通信設備、無線設備、液体燃料並びにこれらの取扱者及びこれらの物件の防護を命ぜられた自衛官が防護の対象である。

4 武器等防護のための武器使用

（1） 武器使用の開始
 原則として武器等の防護は、武器を使用せざるを得ない事態が発生する以前に、例えば、退避や放水等の武器以外の手段によって当該事態の発生を未然に防止するように努めなければならない。したがって、武器の使用は、退避等の他の手段によっては防護できない事態に至ってはじめ

182

第Ⅱ部　自衛隊の海上警備行動

て開始することとなる。

(2) 武器使用の限度

その事態に応じ、必要な最小限度において武器を使用できる。すなわち、相手方の侵害等による被害と武器の使用による相手方の被害の間に一定の均衡が必要であり、相手が攻撃を中止又は終了し若しくは逃走したような場合は、武器使用を中止しなければならない。

武器使用に際しては、原則として人に危害を与えてはならない。ただし、刑法第36条（正当防衛）又は第37条（緊急避難）に該当する場合は、相手（人）に危害を与える武器の使用が認められる。なお、武器等の防護のための武器使用においては、物（警護物件）に対する侵害が正当防衛に該当する場合にも、相手（人）に危害を与えるおそれのある武器の使用が認められる。

(3) 国際法上の位置づけ

外国の船舶・航空機に対して武器等防護のために武器を使用した場合、国際法上、当該武器使用は平時の自衛措置として位置づけられる。ただし、国際法上の平時の自衛措置は、次のような点で自衛隊の武器等防護の武器使用と相違がある。

① 措置の開始

国際法上の平時の自衛措置は、自衛のために必要なものであることが要求される。しかしながら、武器等防護の武器使用のように退避等の他の手段をとることによっては防護できない場合に限られるものではなく、相手が攻撃を現に行っているか又は攻撃のための行動を開始した時点から自衛措置を開始することができる。

② 措置の限度

国際法上の平時の自衛措置は、相手の攻撃によって生じている脅威に均衡する限度内にとどめ、その脅威がなくなり部隊の安全が確保された時に停止しなければならない。しかしながら、武器等防護の武器使用のような相手方の侵害による被害と武器使用による相手方の被害の間に一定の均衡が要求されるものではない。したがって、正当防衛・緊急避難に該当しない場合に人への危害が認められることもあり、相手が攻撃を中止若しくは逃走したような場合においても、脅威が継続する限り自衛措置の停止は要求されない。

（参考）

海上保安庁の場合は、平素から警職法第7条の準用による武器使用が認められており、当該権限で巡視船等の装備の防護することとなる。

したがって、内部規則（海上保安庁けん銃使用及び取扱規則［昭和30年海上保安庁達第2号］9条等）において、「刑法第36条（正当防衛）又は第37条（緊急避難）に該当し、自己又は他人の……財産（それを使用することにより多数の人の生命又は身体に危害を加えるおそれがあるものに限る。）を防護するために必要である」場合にも、人に危害を与えるおそれのある武器使用を認める規定を置いている。

Ⅴ 法規体系

1 治安出動

184

第Ⅱ部　自衛隊の海上警備行動

- 自衛隊法第78条（命令による治安出動）
- 自衛隊法第81条（要請による治安出動）
- 自衛隊法第89、90条（治安出動時の権限）
- 部内令達

2　準用される法律及び権限
- 警職法第1条　目的及び権限行使の限界
- 〃　第2条　質問
- 〃　第3条　保護
- 〃　第4条　避難等の措置
- 〃　第5条　犯罪の予防及び制止
- 〃　第6条　立入り
- 〃　第7条　武器の使用
- 〃　第8条　他の法令による職権職務
- 海保法第16条　一般の人及び船舶に対する協力要求
- 〃　第17条　書類提出命令、停船させて立入検査、質問
- 〃　第18条　停船、指定場所への移動等の強制措置

3　治安出動時の権限の特徴

要人警護、暴徒鎮圧等の場合の武器使用を除き、警察官が保有する警察権に関する国内法が一

185

般的根拠である。ただし、自衛官に認められる警察権は行政警察権に限定され、司法警察権に基づく犯人の捜査、逮捕（私人の現行犯人逮捕を除く）等は認められない。また、出動を命ぜられた自衛官が権限を行使できる地域は、出動命令に示される区域に限定される。
　なお、要人警護、暴徒鎮圧等の場合の武器使用については、想起される事態に照らし、刑法第36条（正当防衛）又は第37条（緊急避難）の危害要件は適用されない。

4　武器使用
(1)　警職法7条の準用による武器使用
　ア　警職法7条の規定
　「警察官は、犯人の逮捕若しくは逃走の防止、自己若しくは他人の防護又は公務執行に対する抵抗の抑止のため必要であると認める相当な理由がある場合においては、その事態に応じ合理的に必要と判断される限度において、武器を使用することができる。ただし、刑法の36条（正当防衛）、37条（緊急避難）に該当する場合、……を除き、人に危害を与えてはならない。」
　なお、隊法の規定に基づく出動時の自衛官は、司法警察権を有していないため犯人の逮捕・逃走の防止のための武器使用は認められない。
　イ　武器が使用できる場合
○公務執行に対する抵抗の抑止のための武器使用
　その職務の執行について、実力手段をとることが法令によって認められており、かつ、

警職法7条の要件に該当する場合に限られる。

抵抗がないのに、職務執行を確実にするためというだけでは、武器を使用することは許されない。

○自己又は他人の防護のための武器使用

公務執行のうち、特に武器使用を要する場合が多いことを予想して、特に一般の公務執行とは区別されたものである。

ウ　武器使用の限度

○人に危害を与えない武器使用

その事態に応じ、必要な最小限度において武器を使用できる。

○人に危害を与えるおそれのある武器使用

警職法7条に基づく武器使用においては、「刑法36条または37条に該当し、自己若しくは他人の生命又は身体を防護するために必要であると認めるとき。」（警察官けん銃警棒等使用規範（昭和37年国家公安委員会規則第7号）7条）に人への危害を伴う武器の使用が認められている。

すなわち、刑法の正当防衛（自己又は他人の権利）、緊急避難（自己又は他人の生命、身体、自由若しくは財産）では認められる物や権利に対する侵害・危難については認められない。

また、本来武器には当たらない警棒等の使用も、人を殺傷する道具として用いれば、一

187

時的に武器の使用に準ずることとなり、この危害要件によらなければならない。（警察官けん銃警棒等使用規範4条2）。

(2) 要人警護、暴徒鎮圧等の場合の武器の使用

ア 武器が使用できる場合
・職務上警護する人、施設又は物件が暴行又は侵害を受け（受けようとする明白な危険がある場合も含む。）武器を使用するほか、他にそれを排除する適当な手段がない場合
・多数の暴徒等が暴行、脅迫をし（しようとする明白な危険がある場合も含む。）、武器を使用するほか、他にこれを鎮圧し、又は防止する適当な手段がない場合

イ 武器使用の限度
その事態に応じ、合理的に必要と判断される限度において武器を使用できる。この場合、刑法第36条（正当防衛）又は第37条（緊急避難）の危害要件は適用されない。

Ⅵ 海上における警備行動

1 我が国の海上における秩序維持に関する国内法

(1) 執行機関
我が国の海上における秩序維持は、海上における警察権の行使として、通常は、海上保安庁が実施し、海上における警備行動が下令された場合には、海上自衛隊も実施する。ただし、海上自衛隊は、海上保安庁が行う犯人の捜査及び逮捕等は実施しない。

188

第Ⅱ部　自衛隊の海上警備行動

(2) 執行範囲及び対象

　海上保安庁は、我が国の領水、接続水域、排他的経済水域及び大陸棚上部水域並びに国際水域において、国際法の範囲内で、それぞれの水域に適用される我が国の法令に基づき、我が国及び外国の商船に対して警察権を行使する。

(3) 措置の内容

　海上保安庁は、法令に基づき次の措置を実施する。

ア　行政警察権に基づく措置
・一般の人又は船舶に対する協力要請（海保法16条）
・質問、書類提出命令、停船・立入検査（海保法17条1）
・移動等の措置（退去、回航、制止等）（海保法18条）

イ　司法警察権に基づく措置（海保法31条）＝海自は権限なし
・犯人の捜査及び逮捕等

ウ　行政警察権及び司法警察権共通の措置
・職務執行妨害に対する措置
・継続追跡の実施
・武器の使用

エ　警察権以外の措置
　外国軍艦等（外国軍艦又は外国政府が所有し若しくは運航する船舶で当該政府の非商業的

役務のみに使用されるもの。)は、国際法上、警察権の対象とはならないので、警察権の行使である海保法17条、18に基づく立入検査、移動等の措置などは行わない。したがって、領水内で無害でない通航又は法令違反の行為を行う外国軍艦等に対しては、原則として、海保法2条に基づく一般的な海上における秩序維持のための活動(海上における警備行動時の海上自衛隊は、隊法82条に基づく「必要な行動」)として、当該行為の中止及び退去の要求等(潜没潜水艦対処は、海上における警備行動により海上自衛隊が一義的に実施)を行う。

2 法規体系
・自衛隊法第82条(海上における警備行動)
・自衛隊法第93条(海上における警備行動時の権限)
・部内令達

3 準用される法律及び権限
・警職法第7条　武器の使用
・海保法第16条　一般の人及び船舶に対する協力要求
　〃　第17条　書類提出命令、停船させて立入検査、質問
　〃　第18条　停船、指定場所への移動等の強制措置

4 海上警備行動時の権限の特徴
　海上保安官が有する警察権に関する国内法が一般的な根拠である。ただし、自衛官に認められる警察権は行政警察権に限定され、司法警察権に基づく犯人の捜査、逮捕等は実施しない。

第Ⅱ部　自衛隊の海上警備行動

海上における警備行動時の外国船舶に対する措置は、国際法が許容する範囲で国内法の規定に従い実施する。

5　実施する措置

(1) 商船に対する措置

○領水における措置

国際法は、領海内の外国船舶による平和、秩序又は安全を害する活動（無害通航ではない活動）に対し必要な措置をとる権利を認めている。したがって、国家は、領海法等で、無害通航ではない活動を禁止し、また、その違反に有効に対処する法整備を実施し、重大な領域主権の侵害に対しては実力行使で対処する。

我が国は、外国商船の平和、秩序又は安全を害する活動自体を違法として取り締まる国内法を整備していないため、違法操業（漁業法）、密入国（出入国管理及び難民認定法）、密輸出入（関税法）等の個別の法律で取り締まることとなる。したがって、海上警備行動が下令された場合に、海上自衛官は、これらの国内法違反の取締り（立入検査、書類提出命令、質問及び移動等の措置）にあたる。また、外国商船の無害通航でない活動が、国内法違反に当たらないが公共の秩序を著しく乱すおそれのある場合には、当該商船を領海から退去させる措置をとる。

○接続水域における措置

我が国は、平成8年の「領海及び接続水域に関する法律」によって接続水域を設定し、同

191

水域において国連海洋法条約上認められる権限をすべて行使すること（4条）、また、接続水域における国連海洋法条約111条の追跡に係る職務の執行を含み公務員の職務の執行及びこれを妨げる行為については我が国の法令を適用することを定めた（5条）。

海上警備行動が下令された場合に、海上自衛官は、当該法律に基づき領域内における通関、財政、出入国管理、衛生上の法令違反を未然に防止する措置（例えば、密航者を乗船させている疑いのある外国商船を停船させ立入検査を行い、確認して退去させる等の措置）をとる。

また、領域内における通関、財政、出入国管理、衛生上の法令違反に対する処罰のための措置（例えば、我が国に領域内に密航者を上陸させた疑いのある外国商船を停船させ立入検査を行い、確認して、海上保安庁に引き渡すために回航する等の措置）をとる。

○ 排他的経済水域・大陸棚における措置

我が国は、平成8年の「排他的経済水域及び大陸棚に関する法律」によって、排他的経済水域を設定し、また、大陸棚の限界を明確にするとともに、それらの水域での国際法上の権利を行使できるようにした。また、「排他的経済水域及び大陸棚における漁業等に関する主権的権利の行使に関する法律」等の制定及び「海洋汚染及び海上災害の防止に関する法律」等の改正により、排他的経済水域及び大陸棚に関する我が国の法令違反の疑いがある外国商船に対して立入検査を行い、法令に違反している場合及び国連海洋法条約111条の追跡に係る職務の執行を含み公務員の職務の執行及びこれを妨げる行為については我が国の法令を適用することを定めた（5条）。

192

第Ⅱ部　自衛隊の海上警備行動

外国人の違法な操業又は漁業監督官が行うこととされているが、海上警備行動に対する司法手続（逮捕・拿捕等）は、海上保安庁、警察官又は漁業監督官が行うこととされているが、海上警備行動が下令された場合に、海上自衛官が、我が国の排他的経済水域及び大陸棚の主権的権利を保全するためにいかなる具体的措置をとることになるのかは、法令に定められていない。海上警備行動において必要な場合には行政警察権行使としての措置が指定されることになろう。

○国際水域における措置

国際法上、公海海上警察権の行使として①近接権、②国旗・国籍確認のための臨検、③無国籍船に対する臨検、④奴隷運送船に対する臨検、⑤海賊行為の取締り及び⑥無許可放送の取締り及び⑦追跡権の行使として公海上までの追跡が認められている。

しかし、既存の法で対処できる場合もある。それは、日本の船舶であるか又はその疑いのある船舶に対する国旗・国籍確認のための臨検、刑法犯としての海賊（被害船又は加害船が日本船で、我が国の刑法犯を構成する場合）の取締り及び追跡権の行使である。

海上警備行動が下令された場合に、海上自衛官は、これらの船舶に対して立入検査を行い、法令違反が明らかな場合には海上保安庁に引き渡すために回航の措置をとる。

我が国は、国際水域における公海海上警察権の行使を目的とした法整備を実施していない。

（2）領水内の外国軍艦等に対する措置

国連海洋法条約は、領海内の外国軍艦等に対して領海の無害通航に係る沿岸国の法令を遵守しない場合には、沿岸国が当該法令の遵守を要請すること（21条1）、当該要請を無視した場合に

193

は領海からの退去を要求すること（30条）を認めている。しかしながら、軍艦等は、警察権の対象とはならないので、我が国においても、外国軍艦等に対し海上保安庁法の規定による立入検査、書類提出命令、移動等の措置は行わない。したがって、海上警備行動が下令された場合に自衛隊が実施する措置は、原則として「遵守の要請」及び「退去要求」等を行うこととなる。

さらに、一般国際法は、領海内の外国軍艦等が有害な活動を行う場合には、沿岸国は当該軍艦等に対し領海外への退去を要求し、当該要求に応じず沿岸国を害する活動を続ける場合には、退去させるために必要な強制を加えることを認めている。しかしながら、我が国には領海内で無害でない通航を行う外国軍艦等を強制的に退去させる措置を直接的に規定した法律はない。

（3）潜没潜水艦対処（浮上後は海保が対処）

領水内の潜没潜水艦については、海上保安庁が対処能力を持たないため、海自が一義的に対処する必要がある。しかし、海上における警備行動の下令には閣議決定に基づく（内閣法6条）総理の承認（隊法82条）が必要であり、下令までに相当の時間を要することが予想される。このため、潜没潜水艦対処に限り、総理大臣はその都度の閣議によることなく承認を与えることができる旨の決定がなされた（平成8年12月24日、安全保障会議決定・閣議決定）。

領水内に対する措置は、海面上を航行し、かつ、その旗を掲げることを要求し、この要求に応じない場合には、我が国の領水外への退去を要求することである。

海上における警備行動が下令されていない時点において、潜没潜水艦を探知（発見）した場合には、直ちに報告して海上における警備行動の下令を待つ。海上における警備行動が下令される

194

第Ⅱ部　自衛隊の海上警備行動

までに現場でとり得る措置は、監視、追尾までであり、浮上要求等は、海上における警備行動が下令されて初めて実施する。

6　現行犯人逮捕に関する事項

(1) 現行犯人

○現に犯罪を行い、又は現に犯罪を行い終わった者をいう（刑訴法212—1）。
○次のいずれかに当たる者が、罪を行い終わってから間がないと明らかに認められるときは、これを現行犯人とみなす（刑訴法212—2）。

・犯人として追呼されているとき。
・臓物又は明らかに犯罪の用に供したと思われる凶器その他の物を所持しているとき。
・身体又は被服に犯罪の顕著な証跡があるとき。
・誰何されて逃走しようとするとき。

(2) 現行犯人の逮捕

○現行犯人は、何人でも、逮捕状なくしてこれを逮捕することができる（刑訴法213条）。
○私人が現行犯人を逮捕した場合には、直ちに犯人を検察官、司法警察職員に引き渡さなければならない（刑訴法214条）。
○司法警察職員等が現行犯人を逮捕した場合には、人の住居、建造物、船舶内等に入り、被疑者の捜索を行い、逮捕の現場で差押え捜索又は検証をすることができる（刑訴法220条）。私人の現行犯人逮捕において、このような行為は違法である。

(3) 海上警備行動時における現行犯人逮捕

現行犯人の逮捕は海上警備行動に基づく権限ではない。あくまでも私人としての行為であり、海上警備行動時の職務に際して、私人として現行犯人を逮捕した場合には、できるかぎり速やかに検察官等に引き渡す必要があるほか、次のような制限がある。

○船舶が現に法律違反を行っている場合であっても、犯人逮捕のために相手船舶内に立ち入ることは違法である。

○法律違反の疑いで立入検査を行うことは問題ないが、現行犯人を逮捕するため又は犯罪の捜査のために立入検査をすることは違法である。

○立入検査に際し私人として現行犯人を逮捕した場合には、当該事項に係わる以後の措置は私人の行為となる。したがって、行政警察権としての権限（現行犯人を引渡すための回航等）を行使することは認められない。

○商船に対する武器使用

○警職法第7条が準用される。

○武器を使用できる場合

次の場合には武器使用が認められるが、可能な限り武器を使用しない方法で任務の目的を達成するように努めなければならない。

・自己又は他人に対する防護のため

「他人」には、自衛官以外の人も含まれる。

第Ⅱ部　自衛隊の海上警備行動

・職務執行に対する抵抗の抑止のため

「職務」とは、停船、立入検査、退去・回航等の移動等の措置である。

○武器使用の限度

比例の原則が適用され、その事態に応じ、必要な最小限度において武器を使用できる。すなわち、相手方の行為と武器使用の程度には一定の均衡が必要である。例えば、職務に対する積極的な抵抗がないのに、職務の執行を確実にするために、あえて武器を使用するようなことは認められない。

武器使用に際しては、原則として人に危害を与えてはならない。ただし、刑法第36条（正当防衛）又は第37条（緊急避難）に該当する場合は、相手（人）に危害を与える武器の使用が認められる。なお、警職法の準用による武器使用においては正当防衛に該当する場合でも、物を防衛するために相手（人）に危害を与えるおそれのある武器の使用は認められない。

Ⅶ　災害派遣・地震防災派遣

1　法規体系

・自衛隊法83条（災害派遣）
・自衛隊法第83条（災害派遣）
・自衛隊法第83条の2（地震防災派遣）
・自衛隊法第94条（派遣時の権限）
・災害派遣に関する訓令

197

- 地震防災派遣に関する訓令
- 災害派遣に関する海自達
- 地震防災派遣に関する海自達
- 準用される法律及び権限

2 阪神大震災を教訓に災害対策基本法の改正に基づき、派遣部隊の権限が充実されたほか、防衛庁「災害派遣検討会議」対応方針（自主派遣の基準）が示され、震度6（大都市は5）以上の場合、航空機による偵察活動が正式な災害派遣として認められることとなった（7・6・21次官通達）。

- 警職法第4条　避難等の措置（警察官がその場にいない場合に限る）
- 〃　　第6条　立入り　　（〃）
- 災害対策基本法第5章4節　立入制限　（〃）
　　　　土地、工作物等の使用・収用等　（〃）
　　　　緊急通行車両の円滑通行の確保　（〃）
- 海保法第16条　一般の人及び船舶に対する協力要求

Ⅷ　防衛出動

外部からの武力攻撃があっても、自衛隊は、防衛出動が下令されるまでは隊法88条に基づく武力行使は実施しない。したがって、武器等の防護のための武器使用の権限又は海上における警備

第Ⅱ部　自衛隊の海上警備行動

行動若しくは治安出動が下令されている事態においては、当該行動に基づく権限の範囲で対応することとなる。

1　防衛出動と自衛権発動の関係

・「……76条は防衛出動の発令の時期であり、武力攻撃があった場合及び恐れのある場合、出動できるという制度である。しかし、防衛出動の発令があっても、現実に武力攻撃がまだなく、恐れのある段階では自衛権の行使は未だできない。」（参・予53・10・9、参・内53・10・7）

・「……単に攻撃の恐れがあるとか脅威があるということによって自衛権を行使することができないことは現在の国際社会において共通の認識……」（参・内53・10・17）

・「武力攻撃発生の時期は、恐れのある時ではなく、また、現実に被害を受けた時でもない。侵略国が我が国に対して、組織的、計画的な武力による攻撃に着手した時である。」（参・安57・4・16）

2　防衛出動時の権限

(1)　武力の行使

防衛出動が発令された場合には、国際の法規慣例に従い、かつ、事態に応じて合理的に必要と判断される限度において武力を行使する（隊法88条）。

(2)　公共の秩序維持のための権限（隊法92条）

警職法の全条及び海保法16条、17条1、18条の準用に基づく権限及び要人警護・暴徒鎮圧のた

199

めの武器使用の権限を行使する。

IX 国際平和協力業務

1 法規体系
・国際連合平和維持活動等に対する協力に関する法律（国際平和協力法）
・自衛隊法 第100条7

2 国際平和協力隊の業務の構造

(1) 国連平和維持活動（PKO）
国連事務総長の要請と受入国の同意等を条件に、国連の統括の下での活動として、紛争の再発の防止及び統治組織設立の援助等の業務を行う。

(2) 人道的な国際緊急援助活動
国連決議又は国際機関の要請及び受入国の同意を条件に、国連、他の国際機関又は国家による活動として、紛争による被災民の救援及び被害の復旧のための業務を行う。

(3) 国際平和協力業務の内容
イ 武力紛争停止の遵守状況監視。軍隊の再配置、撤退又は武装解除の履行の監視
ロ 紛争発生防止のための緩衝地帯等駐留、巡回
ハ 武器の搬入、搬出の有無の検査
ニ 放棄武器の収集、保管、処分

200

第Ⅱ部　自衛隊の海上警備行動

ホ　紛争当事者が行う停戦線等の設定援助
ヘ　紛争当事者間の捕虜交換の援助
ト　選挙、投票の公正な執行の監視又は管理
チ　警察行政事務の助言、指導、監督
リ　チ以外の行政事務の助言、指導
ヌ　医療
ル　被災民の捜索、救出、帰還の援助
ヲ　被災民への食料、医療、医薬品他の配付
ワ　被災民収容施設等の設置
カ　紛争被害施設等の復旧、整備
ヨ　紛争で汚染された自然環境の復旧
タ　イ〜ヨの他の、輸送、保管、通信、建設等
レ　イからタに類するもので政令に定める業務
＊自衛隊の国際平和協力業務は（イ〜ヘ、ヌ〜レ）（6条6）。ただし、部隊としてPKF本体業務（イ〜ヘ）参加は凍結（付則2条）。

3　武器使用

（1）派遣先国領域内において、武器が使用できる場合
○一般隊員の武器使用

201

自己又は自己と共に現場に所在する他の平和協力隊員の生命又は身体を防衛するために、やむを得ない必要がある場合（24条3・10）

○警務官の武器使用

一般隊員の武器使用のほか、隊法96条3に規定する部内秩序の維持のために必要な場合。ただし、隊員以外の者の犯した犯罪に対する場合を除く（24条9・10）。

(2) 武器使用の限度

その事態に応じ、合理的に必要とされる限度において武器を使用できる（24条3）。ただし、刑法第36条（正当防衛）又は第37条（緊急避難）に該当する場合を除き、相手（人）に危害を与えてはならない（24条3）。なお、当該武器使用においては正当防衛に該当する場合でも、物を防衛するために相手（人）に危害を与えるおそれのある武器の使用は認められない。

(3) 上官の命令

武器の使用に際して当該現場に上官がいる場合は、生命又は身体に対する侵害又は危難が切迫し、いとまがない場合を除き、その命令によらなければならない（24条4・5）。

(4) 使用できる武器（24条）

○小型武器（法24条1、施行令8条2）
・ニューナンブM60回転式けん銃
・9ミリ自動式けん銃
・64式7・62ミリ小銃

第Ⅱ部　自衛隊の海上警備行動

・89式5・56ミリ小銃

○武器

実施計画において定められる装備としての武器（法24条3）

(5) 武器使用上の制限

派遣先国の領域内における「武器等の防護のための武器使用（隊法95条）」の適用は除外される（24条8）。

(6) 諸外国のPKO部隊の武力行使との相違

諸外国が国連のPKOに参加する場合には、原則として国連との間に協定を交わし、参加国の人員はPKOに配属中、安保理の権限の下、国連事務総長に与えられた、国連の指揮（command：我が国では「指図」と訳されている。）の下に置かれる。PKO部隊は武力行使を目的としないが、自身及び任務を防衛するため等に限り、武力を行使することが認められる。武力行使の細部規則は各PKOごとに定められ（UNTACの場合は非公開）、武力行使は当該規則に従う。

1991年の「国連平和維持活動のためのSOP（国連事務総長）」（Standard Operating Procedures for Peace Keeping Operations, 1991）に規定されたPKOの武力行使基準によれば、「武力は、国連要員への直接の攻撃もしくは要員の生命への脅威に対抗して、または、国連要員全体の安全が脅威にさらされた場合に、自衛のためだけに使用できる。ただし、紛争の一方の当事者による国連の陣地や、その周辺への力ずくでの侵入、国連軍部隊を武力で武装解除する試みなどに対する抵抗も自衛にあたる。」として、我が国の国際平和協力法では認められていない場合に

おいても武力行使を認めている。

X 在外邦人等の輸送（隊法100条の8改正 11・5・28 公布、同日施行）

1 法規体系
・自衛隊法100条8
・部内令達

2 輸送の前提
・長官と外務大臣の協議で、輸送の安全が確保されていると認められること。
・自衛隊の任務遂行に支障を生じない限度で実施すること。

3 輸送の対象
・外務大臣から依頼された、外国における災害、騒乱その他の緊急事態に際して生命又は身体の保護を要する邦人
・当該事態に同様の保護を要する者として外務大臣から同乗を依頼された外国人

4 輸送の手段
○原則として政府専用機
○政府専用機によることが困難な場合
① 輸送の用に主として供するための政府専用機以外の航空機
② 輸送に適する船舶

204

③ ②の船舶に搭載された回転翼航空機で、①以外の航空機

なお、艦載の回転翼航空機については母艦船と陸上との間の輸送に限られる。

5 輸送の範囲

派遣先国から我が国又は第三国の間、ただし、艦載の回転翼航空機については母艦船と陸上との間の輸送に限られる。

6 武器使用

(1) 輸送の職務に際しての武器使用

○武器を使用することができる者

使用航空機等の運航に直接携わる自衛官のほか、整備、補給、誘導等の付随業務に従事する自衛官

○武器が使用できる場合

・適用範囲

・輸送する船舶・航空機が所在する場所

・誘導経路

・防護の対象

・自己又は自己とともに輸送職務に従事する他の隊員

・保護の下に入った輸送対象の邦人等

○携行し、使用できる武器

拳銃、小銃及び機関銃

○武器使用の限度

その事態に応じ、合理的に必要とされる限度で使用できる。ただし、刑法第36条（正当防衛）又は第37条（緊急避難）に該当する場合を除き、相手（人）に危害を与えてはならない。なお、当該武器使用においては正当防衛に該当する場合でも、物を防衛するために相手（人）に危害を与えるおそれのある武器の使用は認められない。

(2) 武器等防護のための武器使用

諸外国の類似の行動との相違

諸外国の職務に際しても、武器等防護のための武器使用は排除されない。

7 今日の国際社会においては、「自国民保護」（protection of nationals）として外国に所在する自国民の生命が急迫した危険に晒されているとき、兵力を派遣してこれを救出することが行われる。この自国民保護は、一般に救出のための行動として行われているが、自衛隊の邦人等の輸送は、諸外国が行う救出行動のうち輸送についてのみ実施するものである。

XI 周辺事態に際しての措置

1 法規体系

・周辺事態に際して我が国の平和及び安全を確保するための措置に関する法律（周辺事態法）
・周辺事態に際して実施する船舶検査活動に関する法律（船舶検査活動法）
・自衛隊法100条9、10

・部内令達

2　用語の意義

（1）周辺事態（周辺事態法1条）

そのまま放置すれば、我が国に対する直接の武力攻撃に至るおそれのある事態等我が国周辺の地域における我が国の平和及び安全に重要な影響を与える事態

（2）後方地域（周辺事態法3条1二）

我が国領域並びに現に戦闘行為が行われておらず、かつ、そこで実施される活動の期間を通じて戦闘行為が行われることがないと認められる我が国周辺の公海（国際水域及びその上空

（3）後方地域支援（周辺事態法3条1一）

周辺事態に際して日米安保条約の目的の達成に寄与する活動を行っている米国の軍隊に対する物品及び役務の提供、便宜の供与その他の支援措置であって後方地域において我が国が実施するもの。

（4）後方地域捜索救助活動（周辺事態法3条1二）

周辺事態において行われた戦闘行為（国際的な武力行使の一環として行われる人を殺傷し又は物を破壊する行為）によって遭難した戦闘参加者について、その捜索又は救助を行う活動（救助した者の輸送を含む）であって、後方地域において我が国が実施するもので、自衛隊が行う。

（5）船舶検査活動（船舶検査活動法2条）

周辺事態に際し、貿易その他の経済活動に係る規制措置であって我が国が参加するものの厳格

な実施を確保する目的で、当該厳格な実施を確保するために必要な措置を執ることを要請する国連安保理の決議に基づいて、又は旗国の同意を得て船舶（軍艦等を除く）の積荷及び目的地を検査し、確認する活動並びに必要に応じ当該船舶の航路又は目的港若しくは目的地の変更を要請する活動であって、後方地域において実施するもので、自衛隊が行う。

(6) 対応措置（周辺事態法2条）

周辺事態に際して適切かつ迅速に、後方地域支援、後方地域捜索救助活動、船舶検査活動その他の周辺事態に対応するため必要な措置

3 自衛隊の実施する後方地域支援（周辺事態法）

(1) 支援の対象（3条1一）

周辺事態に際して日米安保条約の目的の達成に寄与する活動を行っている米国の軍隊に限られる。したがって、例えば、「日本国における国際連合の軍隊の地位に関する協定」の加盟国であっても当該支援の対象とはならない。

(2) 支援の種類（別表第1）

補給、輸送、修理及び整備、医療、通信、空港及び港湾業務、基地業務

具体的な支援の種類とその内容は基本計画で示される（4条2一ロ）。

(3) 実施区域

支援の実施は、基本計画（4条2二ハ）に従い長官が定める実施要項（6条3）で指定される実施区域内に限られる。

208

第Ⅱ部　自衛隊の海上警備行動

（4）支援の限度（周辺事態法）

・自衛隊の任務遂行に支障を生じない限度で実施する（隊法100条9）。
・物品の提供には、武器（弾薬を含む）の提供は含まない（別表第1）。
・物品の提供には、戦闘作戦行動のために発進準備中の航空機に対する給油及び整備は含まない（別表第1）。
・物品の提供は、国際水域及びその上空で行われる輸送（傷病者の輸送中に行われる医療を含む。）を除き、我が国領域において行う（別表第1）。
・活動の中断又は区域指定の変更（周辺事態法6条4）
　長官は、実施区域の全部又は一部が周辺事態法の基本計画の「現に戦闘行為が行われておらず、かつ、そこで実施される活動の期間を通じて戦闘行為が行われることがない」という要件を満たさなくなった場合には、速やかにその区域の指定を変更し、又はそこで実施されている活動の中断を命じる。
・活動の休止（6条5）
　国際水域又はその上空で後方地域支援として輸送を命ぜられた自衛隊の部隊の長又はその指定する者は、当該輸送を実施している場所の近傍において、戦闘行為が行われるに至った場所又は付近の状況に照らして戦闘行為が行われることが予測される場合には、当該輸送の実施を一時休止するなどしてその危険を回避しつつ、長官の区域指定の変更又は中断の措置を待つ。

209

4 後方地域捜索救助活動（周辺事態法）

（1）国際法上の位置づけ

後方地域捜索救助活動は、国際法上、非紛争当事国（中立国）が紛争当事国（交戦国）の難船者を捜索救助することにあたり、本法の規定する捜索救助の対象となる「遭難者」は、国際法上の「難船者」にあたる。

（2）捜索救助の対象

周辺事態において行われた戦闘行為（国際的な武力行使の一環として行われる人を殺傷し又は物を破壊する行為）によって遭難した戦闘参加者について、その捜索又は救助を行う活動で、救助した者の輸送を含む。

戦闘参加者以外の遭難者及び戦闘行為以外によって生じた紛争当事国の遭難者の救助は、原則として災害派遣によって実施されるが、後方地域捜索救助活動を実施する場合にこれらの者が在るときは、これを救助する。

（3）難船者の取扱

当該活動に際してはジュネーヴ第2条約及び追加第1議定書の適用を受け、ジュネーヴ第2条約12条の規定に従い、難船者である者は「すべての場合において、尊重し、かつ、保護しなければならない」また「性別、人種、国籍、宗教、政治的意見又はその他の類似の基準による差別をしないで、人道的に待遇し、かつ、看護しなければならない。」ことが要求される。したがって、救助した難船者が紛争当事国のいずれに所属するかということをもって差別してはならず、平等

210

第Ⅱ部　自衛隊の海上警備行動

に人道的な取扱いをしなければならない。
ただし、国際法上、敵対行為を行う者は難船者にはあたらないため、救助の際に敵対行為を行う者は保護（救助）の対象とはならない。

(4) 実施区域
・基本計画（4条2三ロ）に従い長官が定める実施要項（7条2）で指定される実施区域において実施する。
・実施区域に隣接する外国の領海内の遭難者を発見したときは、当該海域において戦闘行為が行われておらず、かつ、当該活動の期間を通じて戦闘行為が行われることがないと認められる場合に限り、当該外国の同意を得て、当該遭難者の救助を行うことができる。（7条4）。

(5) 当該活動を実施中の部隊が行う後方地域支援（3条第3、別表第2）
自衛隊の実施する当該活動に相当する活動を行う合衆国軍隊の部隊に対しては、後方地域支援として、補給、輸送、修理及び整備、医療、通信、宿泊、消毒について支援することができる。
ただし、物品の提供には、武器（弾薬を含む）の提供を含まず、戦闘作戦行動のために発進準備中の航空機に対する給油及び整備は含まない。なお、この場合における後方地域支援では、国際水域における輸送以外の物品及び役務の提供が認められている。

(6) 活動の限度
○自衛隊の任務遂行に支障を生じない限度で実施する（隊法100条10―2）。
○活動の中断又は区域指定の変更（周辺事態法7条5・7）

長官は、実施区域の全部又は一部が、周辺事態法又は基本計画の「現に戦闘行為が行われておらず、かつ、そこで実施される活動の期間を通じて戦闘行為が行われることがない」という要件を満たさなくなった場合には、速やかにその区域の指定を変更し、又はそこで実施されている活動の中断を命じる。

○活動休止（7条）

当該活動を命ぜられた自衛隊の部隊の長又はその指定する者は、当該活動を実施している場所の近傍において、戦闘行為が行われるに至った場所又は付近の状況に照らして戦闘行為が行われることが予測される場合には当該活動を一時休止するなどしてその危険を回避しつつ、長官の区域指定の変更又は中断の措置を待つ。

5 船舶検査活動（船舶検査活動法）

（1）実施の前提（2条）

周辺事態に際し、国連安保理の決議又は旗国の同意を得て実施する。

（2）実施区域（5条1、2）

基本計画（4条3）に従い長官が定める実施要項（7条2）で指定される実施区域は、我が国の船舶検査活動が外国による船舶検査活動に相当する活動と混交して行われることのないよう明確に区別して指定される。

（3）検査の対象（2条）

・対象とする船舶—軍艦等を除く船舶

212

第Ⅱ部　自衛隊の海上警備行動

(4) 規制措置の対象物品の範囲——基本計画で示される。

① 実施の態様（5条3、別表）

　船舶の航行状況の監視

　船舶の航行状況を監視すること。

② 自己の存在の顕示

　航行する船舶に対し、必要に応じて、呼びかけ、信号弾及び照明弾の使用その他適当な手段（実弾の使用を除く。）により、自己の存在を示すこと。

③ 船舶の名称等の照会

　無線その他の信号手段を用いて、船舶の名称、船籍港、船長の氏名、直前の出発港又は出発地、目的港又は目的地、積荷その他必要な事項を照会すること。

④ 乗船しての検査、確認

　船舶の船長等に対し当該船舶の停止を求め、船長等の承諾を得て、停止した当該船舶に乗船して書類及び積荷を検査し、確認すること。

⑤ 航路等の変更の要請

　船舶に規制措置の対象物品が搭載されていないことが確認できない場合において、当該船舶の船長等に対しその航路又は目的港若しくは目的地の変更を要請すること。

⑥ 船長等に対する説得

　④又は⑤の変更の要請に応じない船舶の船長等に対し、これに応じるよう説得すること。

213

⑦　接近、追跡等

⑥の説得を行うため必要な限度において、当該船舶に対し、接近、追尾伴走及び進路前方における待機を行うこと。

(5) 当該活動を実施中の部隊が行う後方地域支援（3条、周辺事態法別表第2）

自衛隊の実施する当該活動に相当する活動を行う合衆国軍隊の部隊に対しては、後方地域支援として、補給、輸送、修理及び整備、医療、通信、宿泊、消毒について支援することができる。ただし、物品の提供には、武器（弾薬を含む）の提供を含まず、戦闘作戦行動のために発進準備中の航空機に対する給油及び整備は含まない。なお、この場合における後方地域支援では、国際水域における輸送以外の物品及び役務の提供が認められている。

(6) 活動の限度

○自衛隊の任務遂行に支障を生じない限度で実施する。（隊法100条10−2）

○活動の中断又は区域指定の変更（5条4・6）

長官は、実施区域の全部又は一部が、周辺事態法又は基本計画の「現に戦闘行為が行われることがない」とておらず、かつ、そこで実施される活動の期間を通じて戦闘行為が行われることがない」という要件を満たさなくなった場合には、速やかにその区域の指定を変更し、又はそこで実施されている活動の中断を命じる。

○活動の休止等（訓令7条1、2）

当該活動を命ぜられた自衛隊の部隊の長又はその指定する者は、当該活動を実施している

214

6 武器使用（周辺事態法11条、船舶検査活動法11条）

(1) 周辺事態の職務に際しての武器使用

○武器を使用する者

後方地域支援、後方地域捜索救助活動又は船舶検査活動に従事する隊員

○武器が使用できる場合

後方地域支援、後方地域捜索救助活動の職務の実施に際して、又は船舶検査活動の対象船舶に乗船してその職務を実施するに際して、自己又は自己とともに当該職務に従事する者の生命又は身体の防護のため、やむを得ない必要があると認める相当の理由がある場合

○防護の対象

自己又は自己と共に当該職務に従事する者に限られる。

○武器使用の限度

その事態に応じ、合理的に必要とされる限度で使用できる。ただし、刑法第36条（正当防

場所の近傍において、戦闘行為が行われるに至った場所又は付近の状況に照らして戦闘行為が行われることが予測される場合には当該活動を一時休止するなどしてその危険を回避しつつ、長官の区域指定の変更又は中断の措置を待つ。

また、船舶検査活動を実施している間、実施区域が外国による船舶検査活動に相当する活動の区域と明確に区別することができない状況となったと判断する場合には、これを順序を経て長官に報告しなければならない。

衛）又は第37条（緊急避難）に該当する場合を除き、相手（人）に危害を与えてはならない。なお、当該武器使用においては正当防衛に該当する場合でも、物を防衛するために相手（人）に危害を与えるおそれのある武器の使用は認められない。

(2) 武器等防護のための武器使用

周辺事態の職務に際しても、武器等防護のための武器使用が適用される。

第Ⅲ部　周辺事態法・原子力災害出動・戦死者・宗教活動

第一 周辺事態法下での武器使用に関する内訓（秘）

● 後方地域支援としての役務の提供及び後方地域捜索救助活動に係る武器の使用に関する内訓

運企秘第11－71号16　19枚つづり　永久　官総保11第104号

平成11年8月24日

防衛庁長官　野呂田　芳成

防衛庁内訓第12号

後方地域支援としての役務の提供及び後方地域捜索救助活動に係る武器の使用に関する内訓

周辺事態に際して我が国の平和及び安全を確保するための措置に関する法律（平成11年法律第60号）第11条の規定を実施するため、後方地域支援としての役務の提供及び後方地域捜索救助活動に係る武器の使用に関する内訓を次のように定める。

（目的）
第1条　この内訓は、周辺事態に際して我が国の平和及び安全を確保するための措置に関する法律（次条において「法」という。）第11条に規定する後方地域支援としての自衛隊の役務の提供及び後方地域捜索救助活動の実施に際しての武器の使用に関し必要な事項を定め、もってその適正な実施を図ることを目的とする。

（定義）

第2条　この内訓において、次の各号に掲げる用語の意義は、それぞれ当該各号に定めるところによる。

（1）　長官　防衛庁長官をいう。

（2）　幕僚長　陸上幕僚長、海上幕僚長又は航空幕僚長をいう。

（3）　上官　後方地域支援としての役務の提供の職務又は後方地域捜索救助の職務（法第7条第3項に規定する戦闘参加者以外の遭難者の救助の職務及び同条第4項に規定する実施区域に隣接する外国の領海に在る遭難者の職務を含む。以下第4条第2項において同じ。）に係る命令をする者をいう。

（4）　役務提供実施部隊等　自衛隊法（昭和29年法律第165号）第100条の9第2項又は第100条の10第2項の規定に基づき後方地域支援としての役務の提供を実施する部隊等をいう。

（5）　捜索救助実施部隊等　自衛隊法第100条の10第2項の規定に基づき後方地域捜索救助活動を実施する部隊等をいう。

（6）　実施部隊等　役務提供実施部隊等又は捜索救助実施部隊等をいう。

（7）　管理責任者　実施部隊等の自衛官の武器の携行及び保管について責任を有する者として、別表の対象部隊等の欄に掲げられた部隊等の区分に応じ、同表の管理責任者の欄に掲げられた者をいう。

（8）　武器の使用　武器をその本来の目的に従って用いることをいい、威嚇射撃をすること又は威嚇のため武器を相手方に向けて構えることを含む。

（9）後方地域支援　法第3条第1項第1号に規定する後方地域支援をいい、同条第3項後段の後方地域支援を含む。

（10）後方地域捜索救助活動　法第3条第1項第2号に規定する後方地域捜索救助活動をいう。

（武器の携行）

第3条　長官は、自衛隊の部隊等に後方地域支援としての役務の提供又は後方地域捜索救助活動の実施を命ずるに際し、又は実施を命じた後において次項の報告その他の状況から判断して、必要があると認めるときは、実施部隊等の自衛官に武器を携行させる必要がある旨を示すものとする。

2　管理責任者は、前項の命令において実施部隊等の自衛官の武器の携行が示されていない場合において、当該実施部隊等の活動の区域の状況から判断して、後方地域支援としての役務の提供又は後方地域捜索救助活動の実施に際し、実施部隊等の隊員の生命又は身体の防護のため実施部隊等の自衛官に武器を携行させることが適当と認める場合には、その旨を速やかに順序を経て長官に報告しなければならない。

3　管理責任者は、第1項の場合において、個々の後方地域支援としての役務の提供又は後方地域捜索救助活動の実施に際して、実施部隊等の隊員の生命又は身体の防護のため又は遭難に対する後方地域捜索救助活動の実施のため必要があると認めるときは、その目的のため必要な範囲内において、実施部隊等の自衛官に武器を携行させることができる。

（武器を使用させることができる場合）

220

第Ⅲ部　周辺事態法・原子力災害出動・戦死者・宗教活動

第4条　役務提供実施部隊等の自衛官は、後方地域支援としての役務の提供の職務を行うに際し、自己又は自己と共に当該職務に従事する者の生命又は身体の防護のためやむを得ない必要があると認める相当の理由がある場合には、その事態に応じ合理的に必要と判断される限度で武器を使用することができる。

2　捜索救助実施部隊等の自衛官は、遭難者の救助の職務を行うに際し、自己又は自己と共に当該職務に従事する者の生命又は身体の防護のためやむを得ない必要があると認める相当の理由がある場合には、その事態に応じ合理的に必要と判断される限度で武器を使用することができる。

3　前2項の規定による武器の使用に際しては、刑法（明治40年法律第45号）第36条又は第37条に該当する場合のほか、人に危害を与えてはならない。

（武器の種類）
第5条　●●●●●（半頁スミ塗り）
（武器の使用の命令）
第6条　●●●●●（3行スミ塗り）

2　●●●●●（半頁スミ塗り）

3　第4条の場合において、当該上官は、統制を欠いた武器の使用によりかえって生命若しくは身体に対する危険又は事態の混乱を招くこととなることを未然に防止し、当該武器の使用が同条に従いその目的の範囲内において適正に行われることを確保する見地から、また、次条から第9条までの規定に従い、必要な命令をするものとする。

221

●●●●●
第7条　●●●●●（半頁スミ塗り）
（第三者に対する危害防止）
第8条　実施部隊等の自衛官は、武器を使用するに当たっては、相手方以外の者に危害を及ぼし、又は損害を与えないよう注意しなければならない。
（濫用の防止）
第9条　第4条の場合における武器の使用は、実施部隊等の自衛官又はその者と共に同じ職務に従事する者の生命又は身体を防護するため必要な最小限度において行われるものであって、いやしくもその濫用にわたるようなことがあってはならない。
（報告）
第10条　実施部隊等の長は、実施部隊等の自衛官若しくはその者と共に同じ職務に従事する者に危害が発生した場合又は実施部隊等の自衛官が武器を使用した場合には、順序を経て速やかに次に掲げる事項を長官に報告するとともに、当該状況について記録しなければならない。
（1）危害の状況
（2）武器の使用の状況（相手方の状況を含む。）
（3）当該事案発生の背景、理由等
（4）状況及び今後の見通し
（5）その他必要と認める事項

（委任規定）
第11条　この内訓の実施に関し必要な事項は、幕僚長又は統合幕僚会議が定める。ただし、第3条から第7条までの規定に関し必要な事項を定める場合には、あらかじめ長官の承認を得なければならない。

　附則
この内訓は、平成11年8月25日から施行する。ただし、自衛隊法第100条の9第2項の規定に基づく後方地域支援としての役務の提供に係る武器の使用に関する規定は同年9月25日から施行する。

別表（略）

第二　周辺事態法下での武器使用の内訓の一部を改正する内訓（秘）

●後方地域支援としての役務の提供及び後方地域捜索救助活動に係る武器の使用に関する内訓の一部を改正する内訓

運企秘第13―29号　18　10枚つづり　平成43年12月31日をもって破棄

防衛庁内訓第4号

平成13年3月1日

防衛庁長官　斉藤　斗志二

周辺事態に際して我が国の平和及び安全を確保するための措置に関する法律（平成11年法律第60号）第11条及び周辺事態に際して実施する船舶検査活動に関する法律（平成12年法律第145号）第6条の規定を実施するため、後方地域支援としての役務の提供及び後方地域捜索救助活動に係る武器の使用に関する内訓の一部を改正する内訓を次のように定める。

後方地域支援としての役務の提供及び後方地域捜索救助活動に係る武器の使用に関する内訓（平成11年防衛庁内訓第12号）の一部を次のように改正する。

題名中「及び後方地域捜索救助活動」を「、後方地域捜索救助及び船舶検査活動」に改める。

第1条中「法」を「周辺事態安全確保法」に改め、「武器の使用」の次に「並びに周辺事態に際して実施する船舶検査活動に関する法律（平成12年法律第145号。次条において「船舶検査

第Ⅲ部　周辺事態法・原子力災害出動・戦死者・宗教活動

活動法」という。）第6条に規定する船舶検査活動の実施に際しての武器の使用」を加える。

第2条第3号中「又は後方地域捜索救助活動の際の遭難者の救助の職務（以下第4条第2項において同じ。）」を「第4条第2項において同じ。）又は船舶検査活動の対象船舶に乗船して行う職務」に改め、同条第4号及び第5号中「法」を「周辺事態安全確保法」に改め、同条第6号中「又は捜索救助実施部隊等」の次に「を」をいう。」を加え、同条第7号とし、同号の次に次の1号を加える。

（6）船舶検査実施部隊等　自衛隊法第100条の10第2項の規定に基づき船舶検査活動を実施する部隊等をいう。

第2条に次の1号を加える。

(12)　船舶検査活動　船舶検査活動法第2条に規定する船舶検査活動をいう。

第3条第1項及び第2項中「又は後方地域捜索救助活動」を「、後方地域捜索救助活動又は船舶検査活動」に、同条第3項中「又は個々の遭難に対する後方地域捜索救助活動又は個々の遭難に対する後方地域捜索救助活動又は個々の遭難に対する船舶検査活動」に改める。

第4条第3項中「前2項」を「前3項」に改め、同項を同条第4項とし、同条第2項の次に次の1項を加える。

3 船舶検査活動実施部隊等の自衛官は、船舶検査活動の対象船舶に乗船して行う職務を行うに際し、自己又は自己と共に当該職務に従事する者の生命又は身体の防護のためやむを得ない必要があると認める相当の理由がある場合には、その事態に応じ合理的に必要と判断される限度で武器を使用することができる。(別表は略)

附則
この内訓は、平成13年3月1日から施行する。ただし、別表の改正規定のうち研究本部長に係る部分及び特別警備隊長に係る部分は、平成13年3月27日から施行する。

第三　陸上自衛隊の原子力災害出動要領（注意）

●原子力災害対処要領

陸幕運第682号（11・12・14）別冊（全文注意）

陸上幕僚監部

はしがき

本「参考資料」は、平成11年9月30日（木）に発生した東海村ウラン加工施設事故と同様の原子力災害が発生し、災害派遣（原子力災害派遣）要請があった場合に、派遣部隊の的確な対応及び2次被害発生防止を目的として、平素、派遣準備段階、派遣間及び帰隊後に実施すべき事項並びに留意事項等について、化学学校が取りまとめたものを基礎として陸上幕僚監部防衛部運用課で作成したものである。

各部隊等は、別示するまでの間、原子力災害に際しては、モニタリング支援、人員・器材等の緊急空輸のほか「防災基本計画」（中央防災会議（平成9年6月））に示されている自衛隊の活動（被害状況の把握、避難の援助、応急医療・救護・防疫等）についても要請があることを予期して、本「参考資料」を活用されたい。

なお、実際に原子力災害が発生した場合における許容被ばく線量の基準は、現在検討中であり、別に示す。

また、陸上幕僚監部においては、本「参考資料」を基礎として、今後「原子力災害派遣における部隊行動の基準」を作成する予定であり、その際部隊等に広く意見を求める予定であるので、本「参考資料」で不明な点及び更に充実を希望する事項等について、意見を提出できるように準備していただければ幸いである。

本「参考資料」に関する疑問等については、化学学校研究部運用研究科（内線8―355―276）又は陸上幕僚監部防衛部運用課運用第2班（内線8―33―2544）に問い合わせられたい。

1 現状
（1）原子力災害対策特別措置法の成立

平成11年9月30日に発生した東海村ウラン加工施設事故により、災害対策基本法の問題点（事故を起こした者の責任が不明確である。原子力事故という専門的知見が必要な事態に対しても、自然災害と同様に市町村長が第一義的に対処することになっている。）が明らかになった。

これを改善するため、原子力災害対策特別措置法（以下「特別措置法」という。）が国会において成立し、併せて自衛隊法も第83条の3（原子力災害派遣）等が追加・改正された（施行は、平成12年6月ころの予定）。

特別措置法においては、事故を起こした事業者の責任を明確にするとともに、原子力災害

については、専門的知見を有する国が、災害発生の当初の段階から対処に当たることとなっている。

このため特別措置法の施行以降、原子力災害が発生した場合には、事故を起こした事業者が第一義的に対処し、国も速やかに原子力災害対策本部を立ち上げ、所掌官庁である科学技術庁等が対処に当たる。この際、自衛隊の支援が必要と認められる場合には、原子力災害対策本部長（内閣総理大臣）からの要請を受けて、防衛庁長官の命令により、自衛隊の部隊等が派遣（原子力災害派遣）されることとなった。

なお、特別措置法では、原子力災害に対して、自衛隊法第83条第2項（災害派遣）の規定で自衛隊の部隊等が派遣されることを否定していないため、これまでと同様に都道府県知事から指定部隊等の長に対して、部隊等の派遣を要請されることもある。

(2) 原子力災害に対する自衛隊の活動

平成9年6月3日に「防災基本計画」が大幅に改正され、原子力災害対策編に諸施策が計画されているが、これを具体化すべき「防衛庁防災業務計画」は、現在改正中である。

このため、原子力災害に際しての自衛隊の活動として防衛庁内で正式に認知されているものは、官庁間協力の枠組みで科学技術庁が行う空中モニタリング支援及び科学技術庁等の人員・器材等の空輸支援のみというのが一般的な認識であった。しかしながら、先般の東海村ウラン加工施設事故に伴う災害派遣でも明らかなように、偵察・除染等も含め「防災基本計画」にある自衛隊の活動（被害状況の把握、避難の援助、応急医療・救護・防疫等）にまで

229

(3) 許容される放射状の被ばく線量

原子力発電所等は、主として「核原料物質、核燃料物質及び原子炉の規制に関する法律（昭和32年法律第166号。以下「原子炉等規制法」という。）に基づき、その他の放射線事業所は、「放射性同位元素等による放射線障害の防止に関する法律（昭和32年法律第167号。以下「放射線障害防止法」という。）に基づき規制される。しかしながら、この両法律は、防災関係者（警察・消防・自衛隊）の許容被ばく線量を定めてある。

また、放射線業務従事者の許容被ばく線量に関する規定は労働安全衛生法（昭和47年法律第57号）及び電離放射線障害防止規則並びに国家公務員法（昭和22年法律第120号）及び職員の放射線障害の防止（人事院規則10－5（38・9・25）においても、防災関係者は対象外であり、許容被ばく線量に関する規定はない。

関係法令等における許容被ばく線量は、別紙第1のとおり。

2 原子力災害に際しての当面の対応要領

原子力災害に対しては、その特殊性、自衛隊の活動内容及び陸上自衛隊の能力を考慮すると、当該災害が発生した場所を警備区域とする方面隊を単位として対応することとし、必要に応じ他の方面隊等から増援部隊等を派遣して対処する必要がある。

対処にあたっての一般部隊等と化学科部隊の基本的な運用等は、次による。

(1) 一般部隊等

第Ⅲ部　周辺事態法・原子力災害出動・戦死者・宗教活動

一般部隊等については、放射線による影響がない地域での活動に限定する。ただし、一般部隊等に所属する部隊化学特技保有者及び放射線取扱主任免状保有者については、必要に応じて化学科部隊等の増強要員等として放射線による影響がある地域で運用できる。

ア　活動内容

避難の援助等一般災害における活動と同様の活動及び科学技術庁が行う空中モニタリング支援

イ　活動に当たっての留意事項

（ア）常に化学科部隊あるいは国、都道府県等が開設する現地対策本部との連携を保持し、放射線による影響がないことを確認しつつ活動する。

（イ）状況の急変に伴い、派遣隊員、装備品等が被ばくする可能性もあることを考慮し、被ばく管理、被ばくの低減を図るための措置を講じつつ活動する。被ばく管理及び被ばくの低減を図るための措置については、付録第2「原子力災害対処要領（化学科部隊）」を準用する。

ウ　部隊化学特技保有者及び放射線取扱主任免状保有者の化学科部隊の増強要員等としての運用

付録第1「原子力災害対処要領（一般部隊）」のとおり。

（2）化学科部隊

付録第2「原子力災害対処要領（化学科部隊）」のとおり。

231

(3) 一般部隊等及び化学科部隊の地域的な活動範囲は、別紙第2のとおり。

(4) 健康診断及び応急治療

ア 健康診断

原子力災害に関する健康診断実施基準は、別紙第3のとおり。

イ 被ばくした隊員の病院、医務室及び衛生部隊における応急医療については、自衛隊中央病院が被ばくした隊員に対する医療上の対処要領をまとめた「放射線1次および2次被ばく者発生時における初期対処要領（11・11・30）」を活用する。

3 参考

原子力災害に際しての防災関係者の許容被ばく線量の指標について紹介する。ただし、本指標を自衛隊員に適用するか否かについては、即断できないため現在検討中である。

(1) 原子力発電所等の災害対処における許容被ばく線量の指標

現在、原子力発電所等の災害で活動する防災関係者の許容被ばく線量については、原子力安全委員会が平成11年4月28日に出した「原子力防災対策の実効性向上を目指して（防災関係者の放射線防護に係る指標について）」によると、防災関係者の許容被ばく線量は、次のとおり定めるのが適当であると考えられている。

災害応急対策活動及び災害応急復旧活動実施時 50ミリシーベルトを上限とする。

緊急時 100ミリシーベルトを上限とする。

(2) その他の放射線事業所の災害対処における許容被ばく線量の指標等

第Ⅲ部　周辺事態法・原子力災害出動・戦死者・宗教活動

第四　陸上自衛隊一般部隊の原子力災害出動要領（注意）

● 原子力災害対処要領（一般部隊用）

陸幕運第682号（11・12・14）別冊付録第1（全文注意）

陸上幕僚監部

防災関係者が放射線事業所の災害で活動するためには、別紙第1を基に、放射線事業所の災害発生地域で活動できる放射線業務従事者に指定することが必要である。
許容被ばく線量については、放射線業務従事者の基準（年間通常50ミリシーベルト・緊急時100ミリシーベルト）を適用する。
放射線障害防止法に基づき放射線業務従事者に指定して活動する場合は、別紙第4による。

別紙第1〜第4（略）

目次（略）

Ⅰ　目的

一般部隊等（化学科部隊を除く。）の部隊化学特技保有者及び放射線取扱主任者免状保有者をもって化学科部隊に対する増強要員として運用する場合及び汚染地域に取り残された住民の

避難の援助を行う場合の参考とする。

Ⅱ 前提
1 編成・装備は現有装備とする。
2 原子力災害派遣時の許容被ばく線量に関係なく記述できることのみを記述する。
3 任務は次のとおりとする。
 (1) 化学科部隊に対する増強要員としての行動
 (2) 汚染地域に取り残された住民の避難の援助

注 防衛庁防災業務計画の改正に伴い予想される任務を記述した。

Ⅲ 平素からの準備事項
1 派遣編成基準の作成
放射線の影響のある地域で活動する隊員は、部隊化学特技者及び放射線取扱主任者免状保有者とする。編成の規模については、特技者の数・原子力発電所の規模等を考慮して、師団等ごとに作成する。
汚染地域に取り残された住民の避難の援助を行う場合の編成・装備の一例は、別紙第1のとおり。

2 原子力発電所等の保安規定等の把握
原子力発電所等におもむき、あるいは関係者を招へいして、原子力防災に関する次の事項について説明を受ける。

第Ⅲ部　周辺事態法・原子力災害出動・戦死者・宗教活動

(1) 原子力防災体制及び組織に関する事項
(2) 原子力発電所等の施設に関する事項
(3) 放射線防護に関する事項
(4) 放射線及び放射性物質の測定法並びに機器を含む防災対策上の諸設備に関する事項

3　原子力災害対処活動において使用する器材の取扱教育

4　師団等の化学科幹部による放射線障害防止に関する教育

この際、化学学校幹部が作成し、化学科隊員に配布している次の学習資料等を活用する。

(1) 陸曹課程用学習資料「核武器と防護」
(2) 幹部初級課程用学習資料「放射線基礎」
(3) 課程共通用学習資料「放射性物質の除染」
(4) 課程共通用学習資料「放射線測定器材」
(5) 幹部課程用学習資料「核武器と防護」
(6) 参考資料「放射線測定器の基礎」

5　被ばく管理

(1) 健康診断の実施
健康診断の実施の基準は、本冊別紙第3のとおり。
(2) 各自の個人用線量計の固有番号の指定
(3) 各自の被ばく記録用紙の作成及び保管

235

ア 本記録は、派遣部隊において永久保管する。
イ 様式については、別紙第2のとおり。

Ⅳ 派遣対処
1 派遣準備段階
(1) 派遣に関する構想確立のため、上級部隊、地方公共団体、テレビ等による報道等から常に事故に関する最新の情報を入手する。
(2) 派遣編成に基づく人員・装備等の掌握（過去の被ばく線量）
(3) 健康診断の実施（問診、血液、皮膚及び眼）
健康診断の実施の基準は、本冊別紙第3のとおり。
(4) 予備器材等の確保
ア 一時管理換の申請
中隊用線量率計、携帯線量計、水タンク車、除染装置
イ 2次品目等の補給
防護マスク吸収缶、中隊用線量率計・携帯線量計荷電器電池、化学防護衣の送風装置用バッテリー、泡末剤及び金属密閉容器
(5) 携行装備品の点検
ア 除染器材
(ア) 除染装置

a　加温・散布の点検
　b　予備燃料（加温部及び発動機）の準備
（イ）水タンク車
　　給水・吐出の点検
（ウ）携帯除染器
　　散布の点検
イ　測定器材
（ア）中隊用線量率計
　　作動試験の実施
（イ）個人用線量計
　　初期化及び作動試験の実施
（ウ）携帯線量計（部隊用線量計）
　　荷電（0点調整）及び作動試験の実施、特に自然放電量の把握
　　注　荷電後使用できるまで2時間が必要
エ　防護器材
（ア）防護マスク、化学防護衣及び戦闘用防護衣
　　員数及び機能点検の実施
（イ）化学防護衣の送風装置

バッテリーの充電及び作動試験の実施

オ 気象観測器材

風向・風速計の作動試験の実施

2 現場到着～活動間

(1) 化学科部隊の増強要員として行動する場合の留意事項

付録第2「原子力災害対処要領（化学科部隊）」による。

(2) 汚染地域に取り残された住民の避難の援助を行う場合の留意事項

ア 経路等の選定

努めて時間を短縮し、かつ被ばくを低減できる経路を選定する。

イ 車両の選定

避難民の輸送を行う場合は、放射性物質の侵入を努めて防止できる大型バス等を使用する。

ウ 汚染の拡大防止

(ア) 輸送車両には、ビニール等を敷き、車内等に持ち込まれた放射性物質の除去が容易なようにする。

(イ) 避難民の身体に放射性物質が付着していないか検知する。

(ウ) 汚染している場合は、乗車前に掃除機等によりほこり等の除去を行い、汚染の車両内への拡大を防止する。

238

（エ）汚染された避難民は、除染所等に輸送する。

エ 被ばく防止

体内被ばく防止のため、避難民、患者等に対して、防じんマスク等を配分できるようにする。不可能な場合は、タオル等を活用する。

オ 被ばく管理

（ア）派遣隊員の被ばくは、各作業班ごとに管理する。この際、各作業班の被ばくが均等化する様に着意する。

a 任務ごとの許容被ばく線量及び帰還線量を作業班に対して明示する（帰還線量・作業班の帰隊を判断する線量で任務で示す許容被ばく線量の約半分）。

b 災害応急救援活動に従事する隊員には、必ず個人用線量計等を携行させ、基点値（最初の目盛り）を記録し、任務遂行間の個人の被ばく線量の確認、記録ができるようにする。

c 携帯線量計により、aで示した線量を超える被ばくの認められた班長及び同程度の被ばくが予想される班員に対し、線量計3形による計測・記録をして、じ後の任務に反映させる。

d 被ばく線量を考慮して作業班を適時交代させる。

e 許容被ばく線量に至るおそれのある隊員は、健康診断を受けさせるとともに原隊復帰させる。

(イ) 被ばくの低減
　　　作業は努めて短時間にする様に計画する。
　b 隊員が任務遂行間に汚染した場合は、身体の除染を実施するとともに、汚染した吸収缶を交換して密閉容器に一括保管後、地方公共団体等に引き渡す。

3 帰隊後
(1) 健康状態の確認
ア 被ばく線量の確認及び健康診断（問診、血液、皮膚及び眼）を実施する。
イ 健康診断の実施の基準は、本冊別紙第3のとおり。
(2) 被ばく記録の管理
　健康診断結果を本人に通知するとともに、被ばく記録を身体歴（特別健康診断表）及び被ばく記録用紙（様式は、別紙第2のとおり。）に整理・保管する。

第Ⅲ部　周辺事態法・原子力災害出動・戦死者・宗教活動

編成・装備の一例（別紙第1）

編　成	装　備
班長以下部隊化学特技者又は放射線取扱主任免状保有者4名で編成 班長 測定員 記録員 操縦手 注　部隊等の規模により必要数を編成 （被ばく線量を低減するため、常に複数班の編成が必要）	1　測定器等 　中隊用線量率計、CR警報器、携帯（部隊用）線量計及び同荷電器、個人用線量計及び同計測器 　注　携帯線量計荷電器及び個人用線量計計測器は　本部等に残置 2　防護器材 　防護マスク、化学防護衣（送風装置付）又は戦闘用防護衣 3　無線機 4　車両 　大型バス、マイクロバス等放射性物質の進入を努めて防止できる車両

注　保有していない器材及び予備として必要な器材（中隊用線量率計及び携帯（部隊用）線量計等）については、師団等の災害派遣計画等で一次管理換の処置を確立しておく。別紙第2は略

★陸上自衛隊の原子力災害対処要領（化学科部隊用）―略

第五 自衛隊の戦死者の取扱いと処置

●訓練資料21―100「総務及び厚生」

陸上幕僚監部
昭和43年8月

訓練資料　総務及び厚生を次のように定める。
訓練資料101―1人事幕僚、訓練資料12―1総務業務及び訓練資料28―1厚生業務は廃止する。

昭和43年8月24日

陸上幕僚長　陸将　山田正雄

[第2編　厚生　第2章第5節　戦没者の取扱い業務]

第95　要旨

1、戦没者の取扱い業務は、遺体、遺骨及び遺品等の処理を確実かつていちょうに実施して、隊員の士気を高め、遺族及び一般国民の信頼度の維持向上に寄与するものである。

2、戦没者の取扱い業務には、遺体の捜索、収容、識別、火葬又は埋葬、後送、遺骨・遺品の処理、死亡に関する記録・報告、死亡通知及び遺骨・遺品の還送等があり、通常、各級部隊においてそれぞれ行なう。

3、戦没者の取扱い業務の実施にあたっては、関係法規及び上級部隊の方針に基づき、業務処理組織を確立して、適時適切な遺体等の処理を行なうとともに、記録及び報告については、過誤の絶無を期することが必要である。また、この種の業務は、他の幕僚の所掌する業務と関係が深いことを考慮して、積極かつ適時に調整を行ない均衡のとれた業務を行なう。

第96 戦没者の取扱い業務実施のための組織
1、戦没者の取扱い業務実施のための組織は、通常、各級部隊ごとに所要の要員をもって設定する。この際、次の事項に着意する。
（1）各種の状況に応じ、業務が完全かつ適切に行なわれるように融通性を保持する。
（2）つとめて部外の施設及び部外者の活用を図る。
（3）状況が許し、かつ適当な場合には、各級部隊において戦没者の取扱い業務の大部を実施する。
（4）業務の効率的な実施並びに上下級部隊間における連接及び一貫性を確保する。
2、戦没者の取扱い業務実施のため各級部隊において設置・運営する施設は、通常、次のとおりである。
（1）連隊等　連隊等は、通常、遺体安置所及び遺骨安置所を可能な場合には火葬場を設置する。
（2）師団等以上　師団等以上の部隊は、通常、遺体安置所、遺骨安置所及び火葬場を設置する。

第97 遺体の取扱いに関し特に考慮する事項
1、遺体の取扱い業務にあたっては、実施の難易、部隊感情及び統御に及ぼす影響等を考慮し、融通性のある計画を作成して、状況に適合する手段方法をもって実施する。
2、遺体は、風俗、習慣及び宗教等を考慮し、国民感情に合致するような方法で、ていちょうに取り扱う。
3、遺体の識別、確認にはあらゆる手段を講じて万全を期する。
4、遺体の処理は、時間の経過とともに、識別が困難となるばかりでなく、部隊の士気及び衛生環境に悪影響を及ぼすので、つとめて迅速に実施する。遺体の処理にあたって考慮すべき事項は次のとおりである。
（1）隊員の遺体は、最終的には火葬する。
（2）隊員以外の遺体の取扱いについては、陸上最高司令部の定めるところによるが、通常、敵の遺体は埋葬又は仮埋葬する。

第98 遺体の捜索及び収容
1、遺体の捜索及び収容は、各級指揮官の責任である。連隊等以下の部隊は、その行動した地域又は所命の地域を捜索して、遺体及び遺品を収容する。師団等以上の部隊は、戦闘の間断を利用し、あるいは部隊を指定して、作戦区域内の遺体を捜索して収容する。
2、遺体の収容にあたり、中隊等はつとめて認識票、身分証明書及びその他の参考資料により遺体の識別を行ない、識別報告の資料を遺体に添えて連隊等の遺体安置所に後送する。

244

3、遺体安置所　遺体安置所は、収容又は後送された遺体を安置し、遺体の識別、火（埋）葬、遺品整理又は上級部隊の遺体安置所への後送準備等を行なうため、所要の要員をもって運営する。遺体安置所の位置の選定及び設置にあたっては、作戦上の要求、隊員の士気、遺体取扱い業務との関連等を考慮して決定する。

第99から第102までは略

第103　敵の遺体の取扱い

作戦地域における敵の遺体等の取扱いは、各級指揮官の責任であり、隊員と同様にていちょうに取り扱わなければならない。

敵の遺体の取扱いは、「戦地にある軍隊の傷者及び病者の状態の改善に関するジュネーブ条約」によるほか、陸上最高司令部及び「捕虜の待遇に関する1949年8月12日のジュネーブ条約」に基づいて実施する。（以下略）

第六　自衛隊の宗教的活動についての通達

● 宗教的活動について（通達）

49・11・19

各幕僚長　統合幕僚会議議長　附属機関の長　防衛施設庁長官　殿
事務次官

防人1第5091

宗教的活動については、憲法第20条及び第89条に明記されているところに従って指導されているところであるが、今後更に下記事項について周知徹底を図り、もってこの種問題に関する隊員の指導と隊員個人の信教の自由の尊重に適正を期せられたく、念のため通達する。

記

1　殉職隊員の合祀について

殉職隊員の慰霊のため神社への合祀に関し、部隊の長等が公人として奉斉申請者となることは、厳に慎むべきである。

また、国家機関でない自衛隊遺族会、隊友会等の団体が上記のような宗教的活動を実施することは可能であるが、部隊等がこれらの団体に合祀を推進するよう働きかけたり、宗教団体とこれら団体との連絡や合祀に必要な事務を代行することも宗教的活動に関与したことになるので注意

第Ⅲ部　周辺事態法・原子力災害出動・戦死者・宗教活動

しなければならない。

2　部外行事への協力について

宗教的色彩を帯びた行事（神官、僧侶、牧師等の主宰する祭典、儀式等）に溶込んだ形で、自衛隊の音楽隊、ラッパ隊、儀じょう隊等が参加することは、主催者が宗教団体、非宗教団体のいずれを問わず、宗教的活動に関与したことになるので、厳に慎むべきである。

部隊等が宗教的色彩を帯びた行事に労力支援、物品貸与等の便宜を供したことになるので、主催者が宗教団体、非宗教団体のいずれを問わず宗教的活動に対して便宜を供することは、厳に慎むべきである。

3　部外行事への参加について

非宗教団体が主催する慰霊祭、追悼式等であって非宗教的色彩がないものに参加することはむろん差支えない。また、それが宗教的形式をとる場合であっても社会儀礼上相当であると認められるものである限り、部隊の長等がその招待に応じて、公人として参加することは差し支えない。

神祠、仏堂、その他宗教上の礼拝所に対して部隊参拝すること及び隊員に参加を強制することは厳に慎むべきである。

4　宗教教育及び布教活動について

部隊の長等は、特定の宗教のための宗教教育を行い、職務上の地位を利用して特定の宗教を奨励し、若しくは布教活動を行ってはならない。また、特定宗教を信仰することのみを理由として身分上の取扱いに特別の利益又は不利益を与えてはならない。

5 宗教上の施設について

施設内に神祠、仏堂その他の礼拝所等宗教上の施設を設けることは、国費の支出を伴わない場合であっても厳に慎むべきである。

6 部隊等で実施する葬儀及び追悼式について

部隊等で実施する葬儀は、原則として非宗教的形式によるものとする。また、部隊等が実施する追悼式又は慰霊祭は、非宗教的形式によるものとする。

第七　自衛隊の宗教行為に関する通達

●宗教行為に関する通達

38・7・31

陸幕発1第318号

各方面総監　各部隊長殿　各機関の長
陸上幕僚長の命により　総務課長

標記の件、宗教行為に関する指導及び取扱いに関しては、隊員個人の信教の自由を尊重すること、特定宗教に公の支援を与えて政教分離の方針に反する結果とならないこと及び政治的運動に

248

第Ⅲ部　周辺事態法・原子力災害出動・戦死者・宗教活動

利用されないようにすること等に十分留意し下記について周知徹底を図られたい。

なお、昭和33年6月10日陸幕発1第185号「宗教活動の制限に関する通達」は廃止する。

記

1　宗教上の行為、祝典、儀式又は行事に部隊として参加し、又は隊員に参加を強制することはできない。

また、宗教上の行為、祝典、儀式又は行事の行なわれる場所において音楽隊が広報活動を行なうことは、さしつかえないが、この場合当該行為、祝典、儀式又は行事に参加しているような印象を一般に与えないように注意しなければならない。地方公共団体その他の公共の機関が主催する慰霊祭又は追悼式であって宗教的色彩がないものは、部隊として参加することはさしつかえない。

2　神祠、仏堂その他宗教上の礼拝所に対して部隊参拝を行なうことはできない。

忠魂碑又は忠霊塔は、宗教上の礼拝所とは解されないので、部隊参拝を行なうことはさしつかえない。

3　特定の宗教のための宗教教育を行ない、又は階級及び職務上の地位を利用して特定の宗教を奨励し、若しくは布教活動を行なうことはできない。

隊員相互間においても相手の信仰の自由を拘束し、又は迷惑をかけるような布教活動は適当でないのでそのようなことのないよう指導する必要がある。

4　特定宗教を信仰することのみを理由として身分の取扱いに特別の利益又は不利益を与えては

ならない。
5 駐とん地内に宗教上の施設を設けることはできない。
6 隊員が宗教上の集会を催すため、陸上自衛隊服務細則(陸上自衛隊達第24―5号)第28条の規定にもとづき使用している施設を利用することについては一般に許可されている使用基準をこえて特に便宜を与えてはならない。
7 部外者が駐とん地内において布教活動を行なうことを許可してはならない。
8 消防に関する達(陸上自衛隊達第83―5号)第11条にもとづき一般に使用を許されていない火気の使用を宗教上の行為のゆえなもって特に便宜を与えてはならない。
9 陸上自衛隊服務規則(昭和34年陸上自衛隊訓令第38号)第36条第2項にもとづき、営内におけるすべての者が、快適な生活を行なうことを阻害する事項で一般に制限禁止されているもの(たとえば、高い音響を発する器物の吹鳴、打楽、放歌、高吟及び発声読誦等)を宗教上の行為のゆえなもって特にこれを許すことは適当でない。
10 戦没者の慰霊祭を民間の団体において行なうに際し、部隊等の長、駐とん地司令等がこれに公の資格において列席し、又はこれに香華、花環、香華料などを贈ることはさしつかえない。
配布区分「G」 各部課室長各1部 第1部長 10部

第八　陸上自衛隊のPKOの希望調査に関する通達

● 准陸尉・陸曹の国際平和維持活動への参加希望調査について（通達）

陸幕補第５４１号

10・9・18

各方面総監　各部隊長　各機関の長　殿

標記について、別紙のとおり実施されたい。

添付書類　別紙　配布区分　「A」（3年）

別紙　国際平和維持活動参加希望調査実施要領

1　目的
准陸尉・陸曹の国際平和維持活動への参加希望の程度等を把握し、要員選考等の資とする。

2　調査項目及び調査内容

調査項目	調査内容
① 参加希望の程度	参加希望の程度を次の区分に応ずる記号により記入する。 ア　熱望する イ　希望する ウ　進んで希望しない
② 参加可能期間	当該年度の4月1日から2年以内の参加可能期間を半年単位で、次の区分に応ずる番号を記入する 当該年度　　　　　　　　+1年　　　　　　　　+2年 4月　　　10月　　　4月　　　10月　　　4月 ｜　　2　｜　　3　｜　　4　｜　　5　｜ ｜　　　　　1（全期間）　　　　　｜ 注、①でウを選択した者は、記入の必要はない。

252

第Ⅲ部　周辺事態法・原子力災害出動・戦死者・宗教活動

3　記入方法

毎年1月1日に作成する「准陸尉・陸曹経歴管理調査書」の希望等欄上部を使用し、下記の例により記入する。

（例1）

| 希望等 | PKO ①ア ②1 |

（例2）

| 希望等 | PKO ①ア ②2、3 |

（例3）

| 希望等 | PKO ①ウ |

253

■『自衛隊の対テロ作戦』掲載文書■

第1節 政府・自衛隊のテロ対策関連文書

第1 テロ対策特別措置法全文

第2 テロ対策特措法に基づく対応措置の実施及び対応措置に関する基本計画について

第3 大規模テロ等のおそれがある場合の政府の対処について

第4 国内テロ対策等における重点推進事項（法令整備・予算措置関連）の推進状況について

第5 NBCテロ対策の推進について

第6 NBCテロその他大量殺傷型テロへの対処について

第2節 自衛隊の警護出動・海上警備行動

第1 自衛隊法の一部を改正する法律全文

第2 自衛隊の警護出動に関する訓令

第3 自衛隊の警護出動に関する訓令の運用について（通達）

第4 我が国周辺を航行する不審船への対処について

第3節 治安出動に関する自衛隊と警察の各協定

第1 治安出動の際における治安の維持に関する新協定

第2 治安出動の際における治安の維持に関する旧協定

第3 治安出動の際における治安の維持に関する細部協定

第4 治安出動の際における自衛隊と警察との通信の協力に関する細部協定

第5 治安出動の際における自衛隊と警察との通信の協力に関する実施細目協定

第6 警察に対する物品等の支援要領

第4節 治安出動に関する訓令・通達

第1 自衛隊の治安出動に関する訓令

第2 自衛隊の治安出動に関する訓令の一部を改正する訓令について

第3 自衛隊の治安出動に関する訓令（旧訓令）

第4 自衛隊の治安出動に関する訓令改正要綱（旧）

第5 陸上自衛隊の治安出動準備に関する内訓

第6 陸上自衛隊の治安出動の計画準備に関する内訓の一部を改正する内訓

第7 西部方面隊の治安出動に関する達

第8 治安出動準備支援計画に関する旭川駐屯地業務隊一般命令

第9「陸上自衛隊第七師団と航空自衛隊北部航空警戒管制団との治安出動に関する協定」の送付について

第5節 治安出動態勢と即応予備自衛官 （略）

編者略歴

小西　誠（こにし　まこと）
　1949年宮崎県生まれ。航空自衛隊生徒隊（少年自衛官）第10期卒業、社会・軍事批評家。
　著書に『反戦自衛官』（合同出版）、『自衛隊の兵士運動』（三一新書）、『ネコでもわかる？ 有事法制』『自衛隊の対テロ作戦』『自衛隊の周辺事態出動』『ＮＯ　ＷＡＲ！』『新左翼運動その再生への道』『中核派vs反戦自衛官』『検証 内ゲバ』（ＰＡＲＴ１・ＰＡＲＴ２）『現代革命と軍隊』（以上、社会批評社）、『隊友よ、侵略の銃はとるな』『マルクス主義軍事論入門』（以上、新泉社）ほか多数。

自衛隊㊙文書集

2003年9月15日　第1刷発行

定　価　（本体2000円＋税）
編　者　小西　誠
装　幀　佐藤俊男
発　行　株式会社　社会批評社
　　　　東京都中野区大和町1-12-10小西ビル
　　　　　電話／03-3310-0681
　　　　　FAX ／03-3310-6561
　　　　　振替／00160-0-161276
ＵＲＬ　http://www.alpha-net.ne.jp/users2/shakai
　　　　　/top/shakai.htm
Email　shakai@mail3.alpha-net.ne.jp
印　刷　モリモト印刷株式会社
製　本　根本製本

社会批評社・好評ノンフィクション

瀬戸内寂聴・鶴見俊輔・いいだもも／編著　　四六判187頁 定価（1500＋税）

NO WAR！
ーザ・反戦メッセージ

世界―日本から心に残る反戦メッセージを贈る！　イラク戦争下でのアメリカの13歳の少女・シャーロットさん、ブッシュを揶揄したパウロ・コェーリョ氏などの感動的なメッセージを紹介。そして瀬戸内氏・いいだ氏らが反戦の論理を展開。

小西誠・きさらぎやよい／著　　四六判238頁 定価（1600円＋税）

ネコでもわかる？　有事法制

０２年の国会に上程された有事法制３法の徹底分析。とくに自衛隊内の教範＝教科書の分析を通して、その有事動員の実態を解明。また、アジア太平洋戦争下のイヌ、ネコ、ウマなどの動員・徴発を初めてレポートした画期作。

稲垣真美／著　　四六判214頁 定価（1600円＋税）

良心的兵役拒否の潮流
ー日本と世界の非戦の系譜

ヨーロッパから韓国・台湾などのアジアまで広がる良心的兵役拒否の運動。今、この新しい非戦の運動を戦前の灯台社事件をはじめ、戦後の運動まで紹介。有事法制が国会へ提案された今、良心的兵役・軍務・戦争拒否の運動の歴史的意義が明らかにされる。

小西誠／著　　四六判275頁 定価（1800円＋税）

自衛隊の対テロ作戦
ー資料と解説

情報公開法で開示された自衛隊の対テロ関係未公開文書を収録。01年の９・11事件以後、自衛隊法改悪が行われ、戦後初めて自衛隊が治安出動態勢に突入。この危機的現状を未公開秘文書を活用して徹底分析。

小西誠・片岡顕二・藤尾靖之／著　　四六判250頁 定価（1800円＋税）

自衛隊の周辺事態出動
ー新ガイドライン下のその変貌

新大綱―新ガイドライン下で大変貌し、周辺有事に領域警備出動する自衛隊。その全容を初めて徹底的に分析。

井上　静／著　　四六判272頁 定価（1600円＋税）

裁かれた防衛医大
ー軍医たちの医療ミス事件

最初はただのアザだった。だが防衛医大の医療ミスによって、身体に障害が残るほどのものになった。医療ミスを組織的に隠蔽した自衛隊に約５年の裁判で勝訴。全記録を収録。

水木しげる／著　　Ａ５判208頁 定価（1500＋税）

娘に語るお父さんの戦記
ー南の島の戦争の話

南方の戦場で片腕を失い、奇跡の生還をした著者。戦争は、小林某が言う正義でも英雄的でもない。地獄のような戦争体験と真実をイラスト９０枚と文で綴る。